Le sens de la technique :
le numérique et le calcul

Collection « À présent »
dirigée par
François-David Sebbah

Collection soutenue
par la plateforme « Philosophies et technique »
de l'EA Costech
de l'Université de Technologie de Compiègne

Maquette de couverture : Michel Denis

© Éditions Les Belles Lettres, 2010
Collection « encre marine »
ISBN : 978-2-35088-035-8

Bruno Bachimont

Le sens de la technique :
le numérique et le calcul

encre marine

Sommaire

Introduction

L'ambivalence de la technique

LA TECHNIQUE est désormais souvent opposée à l'humain : succédant à une vision où la technique était à la fois le gage de la maîtrise de l'homme sur son destin et son environnement d'une part, et la promesse d'un progrès d'abord matériel mais aussi spirituel et social d'autre part, la conception actuelle qui semble se dégager voit dans la technique à la fois une contradiction avec l'humain – développer la technique revenant à nier l'humain –, et une menace – la technique construisant un monde inhospitalier où l'humain n'a plus sa place.

En effet, nous avons appris que notre compréhension scientifique du monde ainsi que notre intervention technique dans l'environnement pouvaient entraîner des conséquences non seulement imprévues mais surtout néfastes pour nous et notre écosystème. Si bien qu'après une période marquée par la confiance dans le progrès technique, ce dernier devant conduire au progrès moral et au bonheur social, a succédé la période que nous vivons à présent où se creuse un fossé qui semble de plus en plus irréductible entre d'une part une fuite en avant menée par la technoscience et l'industrialisation des différents secteurs de la société et d'autre part un scepticisme croissant vis-à-vis de la technique et de son utilisation.

Si bien qu'il est bien difficile de s'orienter entre les thuriféraires de la technique, tenants d'une moderne version de la main invisible selon laquelle les désordres locaux pourraient conduire à un progrès général, et ses contempteurs qui n'y voient qu'une perversion de la nature, comprenant sous ce dernier terme tant notre environnement écologique que notre nature morale.

Selon nous, si ces deux postures peuvent s'appuyer chacune sur nombre d'arguments, elles sont cependant irrationnelles dans la mesure où elles ne font pas appel à une compréhension de la technique s'appuyant sur une analyse conceptuelle, tant philosophique qu'historique ou anthropologique, mais la jugent de l'extérieur selon un point de vue idéologique, où un moralisme réactionnaire se dispute la primeur avec une foi béate dans le progrès ou un appât du gain économique.

L'objectif de cet essai est de revenir à une analyse de la technique non pour servir un point de vue idéologique déjà fixé à l'avance mais pour tenter de comprendre ce qui nous arrive à l'aune d'une caractérisation philosophique et conceptuelle de la technique. Cela nous mènera à adopter une position ambivalente où la technique est à la fois un facteur d'émancipation et d'aliénation de l'Homme, le moteur de son évolution et de sa réalisation et la cause de sa perte.

À l'image de l'antique *pharmakon* qui est en même temps médicament et poison, thérapeutique et mortel, la technique est tellement liée à l'homme qu'elle est à la fois ce qui le fait devenir ce qu'il a à être, être un homme revenant en un sens à se constituer à travers la technique qu'on se donne, et ce qui lui fait perdre ses possibilités authentiques et manquer sa propre liberté.

Anthropologiquement constitutive (l'homme ne devient homme qu'en tant qu'il se dote d'une technique qui lui permet en retour d'évoluer individuellement, culturellement, socialement), métaphysiquement libératrice (la technique invente de nouveaux possibles permettant à l'Être de se constituer de manière inédite en vue d'horizons nouveaux), socialement salvatrice (la technique permet de gérer les crises liées à l'augmentation de la population humaine, de sa consommation, etc.), la technique est également une perversion (elle détourne l'homme de ses orientations les plus propres, notamment de sa liberté), une aliénation (elle dénature l'homme et la nature en machine aveugle et sans âme) et un danger (elle provoque une fuite en avant de la consommation, de l'efficacité, d'un « toujours plus » sans finalité et sans orientation négligeant les grands équilibres de la nature et de notre société).

Comment caractériser la technique ? Deux dimensions doivent être clairement distinguées mais associées : la spécialisation fonctionnelle, que l'on peut associer à la notion d'outil, la programmation du résultat, que l'on peut associer à la notion de machine. À travers la notion d'outil, on souligne le fait qu'un objet est conçu et construit pour réaliser certaines fins : dépassant les possibilités inhérentes à notre corps et notre nature, l'outil permet de construire ce qui serait sans lui sinon impossible, du moins imparfait. L'outil permet de réaliser non seulement ce que nous ne pourrions réaliser sans lui, mais même ce que nous ne pourrions *concevoir* sans lui : l'outil est une prothèse venant élargir notre horizon des possibles, ce que nous pouvons appréhender et envisager comme possible. L'outil, en apportant une spécialisation fonctionnelle, ouvre des perspectives cognitives (penser à des choses impensables sinon) et pratiques (réaliser des actions infaisables sinon). À travers la notion de machine, on ne souligne pas seulement l'atteinte de certains objectifs ou la réalisation de certains objets, mais la capacité de pouvoir répéter avec certitude la série des gestes et des actions permettant d'atteindre ces objectifs. La machine introduit la nécessité dans l'usage de l'outil.

Nous aurons à y revenir : outil et machine sont deux facettes d'une même pièce qu'il ne faut pas distinguer pour les opposer, mais bien plutôt pour les composer. Nul outil qui ne possède comme horizon de son usage une machinisation où il se voit enrôler dans des actions répétitives, apportant la nécessité et la prévisibilité à l'obtention du résultat. Nulle machine qui ne repose sur l'association d'outils qui ouvrent des possibles et qui ne constitue en elle-même un outil.

Outil et machine ne sont donc que deux concepts pratiques pour illustrer la nature de la technique, son essence, si on peut utiliser ce terme, même s'il conduit trop souvent à figer notre compréhension en concepts prétendus définitifs et dogmatiques. Mais notre souci est bien de dégager ce qui fait qu'il y a technique dans nos actions, et ce que nous fait la technique. Bref, que faisons-nous exactement quand nous agissons de manière technique, que devenons-nous quand nous agissons ainsi ? La technique ne nous laisse en effet pas indemne quand nous l'élaborons et l'utilisons. C'est donc bien à une caractérisation essentielle de la technique que nous voulons arriver.

Deux règnes techniques.

Mais pour le moment, nous n'avons envisagé la technique, ses outils et ses machines, que d'une manière unitaire où nos actions en général sont structurées et façonnées par la technique. Or, nous pensons qu'il convient de dégager deux règnes de la technique : le règne de la technique pour agir et celui de la technique pour penser. En effet, notre histoire humaine a permis d'aboutir à deux grands types de technologie qui ne cessent de s'influencer et de se conditionner l'un l'autre :

– d'une part, la technique nous aide à agir dans notre environnement et à le transformer, modifiant matériellement les objets qui nous entourent et trouvant dans cette modification sa finalité : autrement dit, il s'agit donc des outils et des machines permettant de construire des artefacts et d'avoir un effet matériel dans le monde. Par exemple construire des marteaux et des clous pour enfoncer des clous grâce aux marteaux ; d'ailleurs, puisque nous construisons des murs aussi, on différencie le type de clous et de marteaux selon la nature des murs sur lesquels nous voulons agir. Appelons ce règne technique les *techniques de la nature* ;

– d'autre part, la technique nous aide à penser et exprimer nos pensées : que ce soit les techniques de l'écriture, les procédés liés à l'exercice de la parole, les contenus permettant de partager du sens et de construire une vision partagée ou tout simplement de communiquer, la technique nous propose des outils, machines, procédés non pour changer matériellement le monde mais bien plutôt nous aider à structurer notre pensée. Appelons ce règne technique les *techniques de la pensée*.

Ce grand partage, sans doute caricatural, repose en fait sur le constat qu'en tant qu'êtres humains, nous sommes plongés dans deux milieux consubstantiels : la nature matérielle d'une part, le langage d'autre part. La question est toujours posée de savoir si le langage est seulement une technique d'expression ou s'il possède un statut allant bien au-delà de son utilité dans la communication. Suivant en cela nombre de sémioticiens (notamment le plus éminent d'entre eux [*Rastier* 2001]), nous considérons que le langage est la condition de la culture et correspond de ce fait au milieu dans lequel le fait anthropologique humain se constitue. Mais si on accorde que la technique est une médiation nous permettant de se rapporter au monde comme à notre milieu, d'y agir et d'y constituer des fins, il y aura autant de règnes techniques qu'il y aura de milieux pour l'homme.

Les horizons de dépassement de la technique

Évidemment, il ne faut pas exagérer ce clivage. Car les techniques de la nature sont pensées et conçues elles aussi, et les techniques de la pensée se traduisent par des objets matériels qui composent avec les lois de nature et sont façonnés à l'aide des techniques matérielles. Mais ce clivage renvoie à des perspectives différentes et à des modèles implicites, voire des dépassements différents.

En effet, les techniques de la nature entretiennent un dialogue trouble et complexe avec le vivant ; alors qu'elles mobilisent une rationalisation de la nature reposant sur une mécanisation de cette dernière, les techniques de la nature ont tendance d'une part à réduire le vivant à une explication de type mécaniste, mais d'autre part à vouloir dépasser et faire évoluer les machines comme des organismes vivants. Bref, la technique veut se dépasser en atteignant l'idéal de l'efficacité, de l'adaptation, et l'évolution, à savoir le vivant, mais en mobilisant une compréhension de ce dernier qui tend à annuler et éliminer ce qui fait son identité et son essence. Ainsi, plus on veut étudier le vivant, plus on le manque ; plus on le rationalise, plus on mesure ce qui nous en sépare.

De même, les techniques de la pensée entretiennent un dialogue analogue avec la notion d'esprit, voire de conscience. En effet, comme on l'a connu avec l'émergence des sciences cognitives, en particulier les approches computationnelles voyant dans l'esprit une machine calculante, on rapporte le fonctionnement cognitif de l'esprit à un processus mécanique, ici le calcul, tout en voulant dépasser l'ordre du calcul pour atteindre le comportement de l'esprit.

La nature et la culture, la matière et le langage comme milieux, donnent donc lieu à deux règnes techniques visant à se dépasser vers les deux entités fondamentales à la base de ces milieux, l'organisme vivant d'un côté et l'esprit conscient de l'autre.

La technique contemporaine

Notre histoire récente des sciences et des techniques a thématisé ces deux horizons, le vivant et le pensant. Mais, de manière encore plus spectaculaire encore, nous connaissons depuis quelques décennies une révolution industrielle déclinant dans nos sociétés cette dualité des deux règnes techniques que nous avons distingués. En effet, nous vivons aujourd'hui ce qu'il est convenu d'appeler la révolution numérique. Ce vocable permet de désigner le fait que nous avons désormais un système technique industriel régulant les objets, outils et procédés conditionnant la communication entre les humains, l'expression et la matérialisation de leur pensée. D'une part le numérique est un médium universel permettant de matérialiser tout type de contenu, c'est-à-dire tout objet matériel s'adressant à nous comme un contenu à interpréter, comme un message à décrypter, comme une adresse émanant d'un autre esprit. D'autre part, le numérique possède aujourd'hui une dimension industrielle du fait du fonctionnement capitalistique des entreprises construisant les contenus et assumant leur circulation, et du fait également du système technique fournissant les outils et les machines produisant ces contenus à l'échelle planétaire.

Alors que la révolution industrielle des siècles passés a rationalisé et globalisé notre usage de l'énergie pour mieux transformer la matière, la révolution industrielle du numérique rationalise le monde des expressions culturelles pour mieux transformer nos esprits.

Cependant le numérique ne s'inscrit pas dans un régime de rupture, mais bien de continuité. En effet, si le numérique est une rupture dans la mesure où il permet précisément une révolution industrielle dans le monde de la culture, s'il donne des moyens qui étaient encore insoupçonnables il y a peu pour matérialiser, transformer et transporter les contenus, il le fait selon une perspective cohérente avec les révolutions industrielles du passé, dans la mesure où elles sont toutes techniques.

Le numérique n'est ainsi qu'une étape supplémentaire dans l'histoire de la technique, une déclinaison inédite d'un processus technique dont elle respecte et prolonge l'esprit et l'essence. Autrement dit, le numérique est l'aboutissement de la technique, l'expression la plus pure de la technique, en tout cas de son essence.

C'est pourquoi il faut aborder la question de la technique en deux temps, ce que nous ferons ici. Dans un premier temps, nous reviendrons sur une caractérisation de la technique visant à être aussi générale que possible, pour en dégager l'essence. L'enjeu est de pouvoir cerner, comme nous l'avons dit, ce qui caractérise notre action quand elle est technique, et de comprendre ce que nous fait la technique. Dans un second temps, nous nous concentrerons sur la révolution numérique pour montrer en quoi elle ne fait qu'exprimer le *telos* de la technique. Mais si la technique s'exprime dans le numérique, si ce dernier en dégage en quelque sorte l'essence, les apories que rencontre le numérique seront alors autant d'indications pour dépasser la compréhension que nous avons esquissée de la technique et élaborer un dépassement de la technique dans un autre rapport au monde, non pas pour la supprimer, l'oublier, mais la penser autrement pour en user autrement.

Sens et dispositif :
la question de la technique

L'OBJECTIF de cette partie est de parvenir à caractériser l'essence de la technique. Par essence, on ne veut pas dire qu'il y aurait une Idée de la technique qui vaudrait toujours et partout, dont il faudrait dogmatiquement constater l'application ; bien plutôt on veut dégager ce qu'il y aurait de commun à ce que nous appelons communément « technique », savoir ce qu'il y a de particulier ou de singulier dans nos techniques qui les distinguent et les différencient des autres faits humains.

Mais par-delà l'essence de la technique, on découvre en fait une tension essentielle entre le sens et la technique, cette dernière étant à la fois une condition pour constituer de nouveaux horizons de sens et une méthode radicale pour l'éliminer. Le paradoxe de la technique est qu'elle donne à penser autant qu'elle permet l'abstention et le suspens de la pensée.

Notre réflexion commencera donc par une réflexion sur le sens et ses conditions de possibilité. Question redoutable par sa complexité ! Nous userons donc d'un subterfuge : nous caractériserons le sens à travers les situations de non-sens, les situations où nous sommes perdus, désorientés devant ce qui n'a pas de sens. Deux situations paradigmatiques sont pour nous au cœur de cette déréliction : la singularité absolue quand plus rien ne nous rattache à l'ailleurs et à autrui ; le flux universel quand nous n'avons plus de prise sur rien et que nous sommes emportés malgré nous dans le tourbillon du devenir. Deux modèles de perdition en somme : nous sommes tout, et donc seuls et perdus ; nous ne sommes rien, et donc anéantis et dissous dans le flux universel.

La technique est alors ce qui vient nous sortir de ces situations : c'est en cela qu'elle est condition du sens, condition anthropologique pour que l'homme soit homme. La technique opère à travers différentes structures : l'outil, l'instrument, le contenu et, finalement, la machine. Mais, globalement, la technique se ramène à la notion de dispositif : un dispositif correspond à une organisation spatiale d'éléments telle que cette configuration détermine un déroulement temporel. La technique peut alors être comprise comme l'arraisonnement du devenir : le devenir est abordé comme une conséquence nécessaire et naturelle du fonctionnement du dispositif qui arraisonne le devenir et l'assimile à un phénomène naturel soumis à la nécessité des lois de la nature.

La technique par essence naturalise les comportements qu'elle reproduit. Cependant, sa conception et son usage renvoient la technique à des considérations relevant des sciences de la culture — une sémiotisation de la technique complète et prolonge la naturalisation qu'elle effectue depuis les sciences de la nature. La complexité des procédés à mettre en œuvre, les choix nécessaires à effectuer, le consensus d'usage à créer impliquent que la technique doit s'ouvrir à l'interprétation herméneutique et l'argumentation rhétorique, et pas seulement à la démonstration scientifique.

La technique découvre la contingence alors qu'elle veut introduire la nécessité dans les matières humaines. Elle renoue avec la technique aristotélicienne en dépassant la technoscience contemporaine. On déduit alors que la technologie, discours scientifique permettant d'ancrer la pratique technique dans le logos, procède des sciences de la nature et des sciences de la culture. L'ingénierie, étude globale des projets techniques, est donc une technologie pratiquant la pluralité épistémologique des savoirs à convoquer.

La question du sens

La technique est souvent considérée comme opposée à la dimension du sens : elle serait ainsi ce qui annule le sens, ce qui déshumanise, ce qui nous plonge dans une dimension radicalement autre, hostile et inhospitalière. Mais cette vision est incomplète car il faut l'équilibrer par une autre conception de la technique : celle-ci non seulement véhicule une authentique dimension du sens, mais elle participe également à l'hominisation comme telle, c'est-à-dire à ce processus à travers lequel l'homme devient homme, ce qu'il a à être. Mais bien sûr, elle n'est pas exclusivement cela. Si elle permet d'ouvrir de nouvelles dimensions du sens, d'inventer de nouveaux possibles, la technique est aussi ce qui permet de les anéantir, de les réduire à un pur utilitarisme où l'être est rapporté à ce à quoi il peut servir : devenant interchangeable dès l'instant que la fonction utilitaire est assurée, l'être n'est plus une valeur en soi, mais une instance de ce qui est remplaçable (assurer la fonction) et répétable (reproduire la fonction).

La technique est donc cette ambivalence de ce qui permet d'accéder au sens et de ce qui le réduit et l'interdit. Instrument d'aliénation, mais aussi d'émancipation, la technique possède intrinsèquement cette ambiguïté qui la constitue en propre, au lieu d'en être une simple conséquence dépendant de l'usage qu'on en fait. Autrement dit, la technique est toujours traversée par cette tension entre l'ouverture au sens et la fermeture sur une utilité fixée *a priori*.

Avant donc de préciser la nature de la technique pour en donner une caractérisation sous forme de dispositif, il convient d'éclairer quel rapport au sens la technique peut entretenir, pour mieux comprendre cette ambivalence et renvoyer dos à dos les technophobes et les technophiles, tous ayant tort non pas par ce qu'ils attribuent à la technique, mais par l'exclusivité et l'unilatéralité qu'ils y voient.

Du non-sens au sens

Une manière de comprendre en quoi la technique peut contribuer à l'émergence du sens et de comprendre les situations ou les expériences du non-sens. Quand sommes nous perdus ? quand sentons-nous que nous ne comprenons plus rien, que nous n'avons plus de prise sur ce qui nous arrive ?

Les deux figures du non-sens que nous voulons explorer ici sont, d'une part, la figure du flux indifférencié et, d'autre part, la figure de la singularité isolée.

Le flux indifférencié

Le flux indifférencié correspond à la situation selon laquelle l'être humain est plongé dans un devenir sur lequel il n'a aucune prise et aucun point de vue. Ainsi ne sait-il pas ce qui lui arrive, il est ballotté, comme un élément du flux. Ce phénomène se traduit par le sentiment de déréliction, d'abandon et de désorientation. Plongé dans la pure immanence, l'être humain est enfermé dans un pur présent qui ne se situe pas entre un futur à venir et un passé hérité, mais comme une pure répétition indifférenciée n'ouvrant sur aucune perspective. La situation du flux indifférencié se caractérise par l'absence d'horizon spatial, temporel et conceptuel : l'humain est confiné dans un ici (le spatial) et maintenant (le temporel), excluant la possibilité de voir et penser autrement (le conceptuel) la situation présente. Il lui est impossible de se projeter au-delà, dans un ailleurs (un horizon spatial qui ne se réduit pas à un là-bas), dans un tout-à-l'heure (mais qui ne se réduit pas à un avant ou un après), et finalement dans un autrement (un horizon conceptuel qui ne se réduit pas à la pure répétition de l'actuel).

L'humain est donc confiné dans une localité qui ne s'inscrit dans aucun espace réellement ouvert, de même qu'il est confiné dans un pur présent, qui n'en est pas vraiment un car il est en somme déconnecté du passé et de l'avenir. L'absence d'horizon temporel correspond alors au fait qu'il n'est pas possible de prendre en compte l'héritage du passé et l'horizon de l'avenir pour déterminer comment répondre à ce qui nous arrive dans le présent. L'absence d'horizon conceptuel se manifeste par le fait qu'il n'est pas possible de moduler la manière d'interpréter et de comprendre ce qui nous arrive à travers les différentes qualifications conceptuelles auxquelles on peut recourir. Enfermé dans son présent, confiné dans la matérialité brute de ce qui arrive, l'humain est rapporté à une réactivité immanente (le pur présent) sans la médiation de l'interprétation (le fait pur). Bien évidemment, cette situation est un cas limite, et aucun fait n'est pur, tout comme le présent. Mais cette situation limite, dans le rapport au monde qu'elle implique, indique par contraste ce qui, pour nous, constitue une relation au monde reposant sur la médiation du sens.

La singularité isolée

Figure réciproque, la singularité consiste dans la situation où l'être humain est isolé sans perspective ouverte sur son environnement spatial ou temporel. Renvoyé à un absolu qui n'est pas situé, l'être humain est confiné dans son isolement, sans comparaison possible ni positionnement associé. Dans une telle configuration, alors que, dans le flux indifférencié, *tout se passe malgré lui*, ici, *tout se passe sans lui*, il n'est pas dans le coup. La singularité aboutit finalement à une situation proche de la précédente, celle produite par le flux indifférencié. En effet, l'indifférenciation se traduit par le fait que chaque composante du flux ne se distingue pas des autres, chaque individu plongé dans le flux ne pouvant être rapproché des autres, ne pouvant se situer temporellement et spatialement, se constitue comme un absolu isolé.

Ces deux figures de la perte du sens donnent un tableau assez conforme et cohérent de ce qui constitue cette perte : absence de différence, de capacité d'envisager un horizon spatio-temporel, un horizon conceptuel, de se projeter ailleurs (autre lieu et autre temps), de partager l'horizon ainsi constitué.

Ce qui fait sens

Si c'est cela, la perte du sens, quand peut-on dire qu'il y a sens ? Il y a sens quand il y a un horizon à partir duquel il est possible de sortir de son isolement et de constituer une différence. Ainsi pourrait-on dire que l'être humain considère que son existence ou sa situation a du sens quand il peut s'inscrire dans un horizon spatial, temporel et conceptuel, et qu'il peut se situer et définir sa position vis-à-vis de ces horizons. De cette manière, il peut aussi situer les autres positions possibles et expliciter les différences de sa situation présente avec les autres situations possibles.

Mais la question est de savoir s'il est toujours possible de se constituer un horizon qui permette de sortir de l'immanence, du présent absolu de l'ici et maintenant. Comment sortir du non-sens pour se resituer dans le sens, se re-constituer comme ayant un sens, une raison suffisante motivant notre être et notre avenir ?

Il s'avère qu'il y a toujours une instance absolue faisant rupture, faisant irruption dans notre immanence et déchirant notre confinement pour l'ouvrir sur un ailleurs radicalement infini. Cette instance est autrui : la figure de l'autre. L'Autre et sa figure s'adressent à nous comme une interpellation qui nous sort de notre isolement et introduit une différenciation entre soi-même et autrui. Autrui n'est pas seulement un *alter ego*, un autre qu'on peut réduire à soi par simple duplication. Autrui est radicalement autre, radicalement différent, radicalement transcendant et disruptif. Il est l'appel auquel nous devons répondre, cette transcendance qui nous convoque pour nous sortir de notre déréliction et ainsi nous inscrire dans un au-delà qui finalement nous donne un sens, ce vers quoi nous devons aller et ce qui constitue une valeur nous donnant comment juger et nous déterminer.

Une conception du sens : répondre à autrui

Répondre à ce qui nous arrive

Autrui est donc la condition de possibilité du sens, ce qui assure qu'il y a toujours une possibilité pour qu'il y ait du sens à ce qu'on est, à ce qu'on fait, à ce qu'on devient. La rupture qu'est autrui, l'interruption dans le flux immanent de l'action, la déchirure de la sphère de l'immédiateté, ouvrent sur une transcendance inappropriable et irréductible, qui constitue dès lors un horizon. Or, l'horizon est la condition pour qu'il y ait sens, l'horizon est ce par rapport à quoi on peut donner du sens à un événement ou une chose.

Ainsi, pouvoir accéder au sens revient à la possibilité de donner du sens à ce qui arrive, d'interpréter et de se déterminer en fonction de ce qui arrive. Donner du sens, c'est le fait de pouvoir mettre en perspective l'événement pour dégager notre réponse qui n'est plus dès lors une conséquence programmée et inéluctable mais un choix construit et raisonné.

Si ce qui arrive se nomme « événement », nous dirons donc que le sens est le fait de répondre à l'événement selon une médiation sortant de la logique programmée par l'événement lui-même ou la situation où il survient. Donner du sens, c'est donc échapper à la nécessité d'une réponse immédiate et immanente à l'événement, et inventer un horizon dans lequel cette réponse se construit et se décide. L'événement a du sens pour nous dès lors que nous pouvons le juger d'ailleurs, en fonction d'un horizon que le comprend, et qui nous permet de nous déterminer.

Dans cette optique, le sens correspond à la possibilité de la déprise et de la reprise. Déprise, au sens où on peut prendre du recul et se déprendre de l'événement et de ses objets. Sans déprise, il y a méprise, c'est-à-dire une réponse immédiate à travers laquelle nous agissons sans compréhension. Mais aussi, reprise dans l'après coup au sens où on peut réorienter notre réponse à l'événement, le réévaluer, le réinterpréter dans un horizon différent. Autrement dit, ce qui a du sens repose sur une possibilité, la possibilité de sortir de l'horizon de donation immédiate de ce candidat au sens pour le réinscrire dans un horizon différent. Bref, le sens, c'est la possibilité de la réinscription dans un autre horizon que celui donné immédiatement, donné de manière immanente à la chose ou l'entité qui est candidate au sens.

S'échapper de la programmation immanente aux situations et aux choses serait ainsi l'enjeu. En effet, de manière générale, nous sommes toujours déjà plongés dans une situation dont nous ne sommes qu'un élément, qu'une composante parfois involontaire. Nous sommes emportés dans une logique qui n'est pas la nôtre, qui nous détermine à répondre à la situation d'une manière ou d'une autre, non pas à notre manière, mais de la manière anonyme et indifférenciée propre à la situation ou à la chose. Notre environnement s'est toujours constitué comme un ensemble de relations liant les choses entre elles : l'émergence de notre conscience au milieu des choses consiste, d'une part, à les discerner du fond indifférencié dont elles se dégagent et, d'autre part, à distinguer les relations les unissant entre elles, relations avec lesquelles nous devons composer pour répondre aux événements qui surviennent.

Ainsi, par principe, nous sommes toujours déjà enrôlés dans une logique de l'action, plus ou moins consciente, selon laquelle nous répondons à l'événement, à ce qui nous arrive sans mettre en perspective notre réponse mais en la mobilisant sur un mode automatique, instinctif et local. Instinctif car nous n'introduisons pas la médiation de la réflexion, l'intermédiaire du concept qui ouvre, par nature et fonction, un horizon qui excède la situation suscitée par l'événement. Local car notre réponse instinctive reste enfermée dans le jeu propre des composantes de la situation, des renvois qu'elles s'adressent les unes aux autres. Par exemple, l'événement de la faim se traduit par le fait de s'alimenter, l'événement de recevoir un coup, par le fait de le rendre, etc. Les localités bornant l'horizon de notre réponse peuvent posséder des granularités variables et s'emboîter les unes les autres. Par exemple, pour rester dans l'exemple de l'alimentation, on peut refuser de s'alimenter car on prend comme horizon non pas la logique corporelle et instinctive, mais l'horizon social de l'apparence physique et sa valorisation dans notre société contemporaine. Et finalement dépasser cet horizon en acceptant de s'alimenter mais selon certaines modalités en considérant des logiques éthiques et alimentaires particulières, comme le fait d'être végétarien ou le fait de recourir à des aliments d'origine biologique, etc.

Liberté et obligation

Si donner du sens est le fait de choisir comment répondre à l'événement en déterminant l'horizon dans lequel on veut le négocier, une des conditions de possibilité du sens est par conséquent la possibilité de sortir de la logique immédiate et immanente pour reconduire cette négociation de l'événement. C'est la question de la liberté qui se pose alors, la liberté de pouvoir sortir de l'immédiat et de choisir un horizon.

Mais la liberté n'est pas un choix neutre parmi un ensemble d'options également possibles. En effet, sortir d'une logique immanente pour construire un ailleurs présuppose qu'un tel ailleurs soit possible et puisse nous être accessible. Or on n'aborde pas cet ailleurs en surplombant les différentes possibilités qui nous sont offertes. Il faut au contraire sortir de la situation créée par l'événement et, de l'intérieur, construire cette échappée.

Cette construction, si elle revient à la liberté, n'est pas vécue comme un choix ouvert et disponible, mais une nécessité et une contrainte. Cette contrainte n'est pas une nécessité physique ou causale, mais une exigence morale et éthique. Si le sens, c'est le fait de répondre à l'événement, l'exigence du sens est ce dont il faut répondre, ce dont on est responsable. De ce point de vue, cette construction relève de la convocation, de la sommation, de l'appel qui ne tolère aucun évitement, aucun refus, aucun compromis.

Le sens n'est donc pas la liberté de faire ce qu'on le veut et de décider librement la réponse qui sera la nôtre à l'événement, mais la convocation et l'exigence d'ordre éthique qui nous somment de négocier autrement l'événement selon une règle qui ne tolère pas d'exception même si nous avons en pratique la possibilité matérielle de ne pas répondre à la convocation et de rester dans la passivité de la réponse programmée.

La difficulté est alors de savoir comment sortir d'une réponse programmée à l'événement pour répondre à la convocation éthique. En effet, il ne suffit pas d'élargir le jeu des renvois et des relations entre les composantes de la nécessité. Il ne suffit pas d'inscrire notre gestion de l'événement dans une logique certes plus englobante mais de même nature cependant. Il faut donc une instance particulière incarnant une rupture dans la logique immanente, nous forçant à sortir de cette clôture de la nécessité. Cette instance, pour ne pas être confondue avec une simple logique englobante, doit être instance de l'infini, c'est-à-dire d'ouverture sans limite sur un horizon qui ne tolère aucune clôture de la nécessité. Cette instance, c'est Autrui.

L'Autrui qui nous arrive : de l'homme à Dieu

L'autrui est l'incarnation du sens : à travers lui, nous rencontrons dans notre commerce avec notre environnement une rupture et de ce fait une ouverture qu'aucune logique immanente ne peut refermer – cette rupture n'est-elle pas aussi rupture de tout horizon ? En effet, Autrui présente pour nous la figure qui échappe à nos raisons, à nos instincts et nos réductions à la logique immanente de la situation. Précisons en quoi Autrui peut assumer ce rôle, et ce qui le menace.

Autrui est un *alter ego* : un autre moi. Autrement dit, rencontrer Autrui, c'est rencontrer quelqu'un pour qui nous constituons un élément de son environnement. Autrui, c'est nous, mais à une autre place : ce n'est pas tant celui qui pourrait être nous que celui pour lequel nous ne sommes qu'un objet, à l'instar de la manière dont nous considérons les choses. Autrui est donc la révélation que le monde ne se réduit pas à la logique de nos fins et moyens puisque nous y rencontrons une instance pour laquelle nous ne sommes qu'un moyen. Cette idée insupportable est une brèche dans le monde : puisqu'à l'évidence nous ne pouvons nous considérer être un simple moyen, l'autre ne doit pas pouvoir le considérer. Mais s'il pense comme nous (puisqu'il est notre *alter ego*, un autre nous-même) et que nous pensons le monde comme un simple moyen, il pensera le monde et nous même qui en faisons partie comme une somme de moyens. Par conséquent, si nous ne voulons pas que l'autre nous considère comme un moyen, il ne faut pas que nous le considérions ainsi. L'autre est donc la brèche dans notre logique de fins et de moyens.

Autrui n'est pas seulement un être de notre environnement qui nous ressemble ; il constitue avant tout un ébranlement dans notre rapport au monde. Ce n'est donc pas seulement son corps objectif, mais son corps *animé*, en tant qu'il semble pourvu d'une âme qui le meut et le guide. L'âme se manifeste avant tout par le visage, le regard qui montre une profondeur, qui sort de la clôture logique des choses.

Ce qui arrive, c'est donc celui qui arrive. L'événement qui fait irruption, c'est l'Autre, qui somme de répondre. L'Autre, c'est ce qui résiste à l'appropriation brutale, à la logique immanente de l'événement. C'est ce qui fait rupture dans l'ordre interprétatif et qui fait face, convoque à la reconfiguration/reconstruction de l'horizon.

Si Autrui résiste à toute réification et réduction à une simple composante de l'action et de la réponse à l'événement, c'est qu'Autrui est une limite. On comprend alors qu'Autrui, comme principe limite, n'est autre que le divin, comme personne qui appelle et qui convoque mais qui ne se laisse réduire à aucune réification ou objectivation. Dieu est l'Autre absolu qui ne se laisse pas réifier dans un ordre interprétatif car il excède toute interprétation. Aucune reconfiguration ne permet de rendre compte du divin comme autrui absolu, de l'inscrire dans une logique certes plus englobante, mais toujours une logique de l'appropriation et de la réduction. En ce sens, il est une interrogation, un appel, une convocation à laquelle on ne peut se soustraire et à laquelle on ne répond jamais adéquatement. Mais en même temps, cette incomplétude, cette inadéquation constituent le défaut fondamental fondant la pensée comme telle, comme l'effort pour surmonter l'écart et le défaut. Sans défaut, pas de pensée, pas de sens. « Dieu » est l'origine du sens dans la mesure où c'est par le défaut qu'Il met en évidence dans notre réponse que la pensée et le sens sont suscités. Point n'est besoin d'ailleurs de donner à Dieu le statut d'un Être suprême ou d'une substance. Au-delà de l'être, Dieu est le nom de ce défaut qu'il faut pour qu'il y ait sens. Une théologie sans ontologie en somme.

Du sens à la technique

Mais cette transcendance d'autrui, pour s'actualiser doit s'annoncer, se concrétiser, s'incarner. Il faut donc une médiation matérielle permettant de répondre à cet appel, une structuration de notre relation physique au monde portant une ouverture vers l'ailleurs et le tout-à-l'heure. Comment en effet se construire dans l'horizon ouvert par la déchirure qu'est autrui ? Comme reconfigurer la situation dans son immédiateté et son immanence pour ouvrir vers l'au-delà s'inscrivant dans cet horizon ? Car l'horizon n'est pas un ailleurs prescrit par la rupture de l'immédiat, mais un au-delà : c'est donc qu'il y a des lignes de fuite, des lignes de construction qui permettent d'échapper de l'ici et du maintenant vers un horizon ouvert, indéterminé mais accessible, infini mais abordable. La médiation nécessaire est cette médiation permettant de construire le chemin, de faire le lien, de rendre commensurable la logique de l'action et l'horizon de son inscription.

Cette médiation, c'est ce que la technique apporte. Aussi verrons-nous que la technique est une condition du sens, ce qui nous permet de nous éveiller au sens et de nous constituer comme une personne. Mais cette médiation est fragile, et nous verrons aussi que la technique possède en elle-même les principes de ce qui peut nier et annihiler l'ouverture du sens à autrui, ravalant l'individu intégré dans le système technique à n'être qu'un pur instrument et élément d'un système qui le dépasse. Ainsi, la technique, en permettant de sortir du flux indifférencié et de se constituer non comme un absolu isolé mais comme une personnalité dans un monde et dans une communauté, est aussi ce qui l'y ramène et l'y confine.

Outil, instrument, contenu

Les deux figures du non sens que nous avons dégagées correspondent aux situations dans lesquelles il n'y a pas de déprise ni de reprise possible. Sortir de ces situations exige deux conditions : la première, une rupture qui ouvre un horizon, la seconde qui permet la reconstruction en liant ce qui est isolé (première figure du non-sens) et en structurant ce qui est indifférencié (seconde figure du non-sens). Si autrui est la condition de la déprise, introduisant une transcendance s'imposant toujours quel que soit le rapport au monde, la technique sera la condition de la reprise, de l'unification et la structuration de notre environnement.

La technique opère en temporalisant l'humain, en lui donnant un passé en héritage et un futur à anticiper. La technique déborde le cadre immanent de la situation en introduisant une médiation qui excède l'action immédiate, en offrant d'une part l'héritage des situations passées pour lesquelles elle a été conçue et d'autre part l'horizon futur des usages qu'elle rend possible.

Cela peut se comprendre en considérant les objets de la technique, que l'on peut grossièrement caractériser en outil, instrument et contenu.

L'outil pourra être défini comme un objet matériel permettant d'atteindre certaines fins en apportant une spécialisation fonctionnelle dont l'homme ne dispose pas naturellement. Du bâton saisi pour attraper un fruit aux instruments sophistiqués de la médecine contemporaine, on retrouve cette même caractéristique de l'outil de nous doter de nouvelles mains pour agir plus finement, plus rapidement, plus sûrement. Mais l'outil en lui-même n'est pas un simple objet matériel, il est aussi temporel. Par la structure qu'on y trouve ou par celle qu'on lui donne, on programme son usage en suggérant à travers la manière dont ses parties sont disposées une manière de s'en saisir et de s'en servir.

Par sa conception et sa disposition, l'outil reflète les expériences passées et permet de répéter le geste qui a été éprouvé comme efficace. Ainsi, l'outil n'est pas un simple moyen, un objet utilisé par hasard pour réaliser un objectif, mais un objet dont la structure est reconnue comme adéquate pour transmettre un usage et un geste. L'outil est mémoire, son usage permet de répéter le passé.

Mais il est aussi futur. En s'en saisissant, on se trouve pris dans une séquence de gestes et d'actions qui permettent d'envisager leur résultat. Au pur hasard de l'avenir, à la pure contingence de ce qui arrive, l'outil apporte une prévisibilité puisqu'il permet d'anticiper le résultat obtenu par son utilisation. Donnant prise sur le passé qu'il retient en permettant de le répéter, il donne prise sur l'avenir en permettant de l'anticiper.

L'outil temporalise la conscience et permet à l'homme d'inscrire son action dans le flux temporel qu'il structure par son intermédiaire. L'outil constitue donc une modalité possible de l'emprise temporelle qu'offre la technique. Il y en a d'autres, en particulier l'instrument et le contenu.

L'outil, on l'a vu, structure le temps en proposant une médiation de l'action. Sa structure matérielle conditionne le geste et prescrit l'action à entreprendre. L'outil programme ainsi notre projection dans le monde. L'instrument, quant à lui, propose une médiation de la perception. En effet, selon une distinction classique, l'outil se distingue de l'instrument dans la mesure où le premier assiste l'action et le second élargit notre perception. L'instrument est avant tout un instrument de mesure, permettant d'acquérir une connaissance du monde. Mais à l'instar de l'outil, l'instrument est également une structuration temporelle de notre rapport au monde.

L'instrument *enregistre* le passé et permet d'anticiper le futur non comme une conséquence de notre action outillée mais comme la suite logique de son état mesuré. L'instrument structure temporellement le monde alors que l'outil projetait notre action temporellement dans le monde.

Finalement, le contenu constitue le troisième type d'objet technique. On appellera *contenu* toute structure matérielle que nous abordons comme un élément à interpréter et comme un message qui nous est adressé. Le fait d'être un contenu pour un objet matériel n'est pas une propriété qui lui serait propre mais tient plutôt à la manière dont nous l'abordons. Ainsi, même si les textes, les vidéos et les photos sont des contenus typiques, n'importe quel objet peut prétendre à ce statut, notamment si à l'usage pour lequel il peut avoir été conçu se substitue ou s'ajoute un regard interprétatif. Par exemple, l'archéologie considère comme des documents les vestiges qu'elle exhume lors de ses fouilles, vestiges qu'elle interprète et décode comme un message des temps passés.

Le contenu est à la fois un support d'enregistrement, consignant l'expression d'un contenu, et un outil de programmation de notre pensée quand, abordant ce contenu, nous revivons ou repensons le message dont il est le témoin. Mais outre le fait de nous faire revivre ou repenser ce que nous avons déjà vécu, le contenu nous plonge dans une rationalité donnée, dans une manière de penser et de concevoir le monde. En effet, le contenu suit une logique, graphique, écrite ou autre, et amène la pensée qui l'interprète à dégager certains concepts, à élaborer des structures cognitives, à constituer une rationalité propre à ce type de contenu. Nous y reviendrons lorsque nous élaborerons la théorie du support :

la structure matérielle et sémiotique des contenus entraîne une rationalité particulière ; l'écriture entraînera une raison graphique, le numérique une raison computationnelle, et généralement chaque type de support, c'est-à-dire chaque catégorie d'objets matériels considérés comme des contenus, entraîne une rationalité particulière.

Mais, que ce soit l'outil, l'instrument ou le contenu, on a là des objets matériels qui ouvrent la possibilité de certains futurs, en indiquant le chemin, en traçant la voie pour les actions à entreprendre, que ce soit une action physique (outil), une prise d'information (instrument) ou la formulation d'une pensée (contenu). Mais, dans tous ces cas, la possibilité ainsi ouverte ne peut être actualisée que par un sujet qui s'empare de l'objet technique et l'active.

Finalement, la machine introduit une dimension supplémentaire en ajoutant un caractère systématique et l'autonomie aux outils, instruments et contenus. La machine introduit une dissociation forte entre d'une part sa conception qui permet l'invention et l'innovation, et son fonctionnement qui est prévu pour être répété à l'identique sans aucun imprévu ni aucune innovation. La machine illustre bien l'ambiguïté qui se retrouvera être l'une des propriétés essentielles de la technique : d'une part son invention relève de la création de possibles et de l'ouverture de nouveaux horizons d'application, d'autre part son fonctionnement relève de la volonté d'obtenir de manière certaine un résultat sans laisser aucune place à l'invention et l'improvisation. La machine est issue d'un nouveau possible (sa conception) et ferme l'horizon de nouveaux possibles (son fonctionnement).

La machine aura ainsi tendance à se substituer à l'humain prothétisé par ses outils, instruments ou contenus en le rendant inutile : la machine exécute le geste, effectue la mesure, produit un contenu sans l'intervention obligatoire d'un utilisateur ou médiateur. La machine implique ainsi dans son évolution naturelle l'élimination des utilisateurs comme médiateurs entre son fonctionnement et son environnement pour ne les considérer que comme des exécutants asservis à son fonctionnement. On obtient ainsi à la fois les figures du mythe technique, mais aussi des programmes de recherche technologique qu'on a vu éclore par le passé :

– la machine-outil qui exécute seule les actions nécessaires à la production ; sans doute la figure la moins controversée car la moins fantasmatique, étant déjà réalisée dans les usines de notre civilisation industrielle, la machine-outil évoque cependant l'horizon d'un monde où l'humain est inutile, les univers de la production fonctionnant de manière autonome, pour peu que les êtres humains restent présents comme servants de ces machines et consommateurs de leurs produits ;

– le robot qui perçoit et agit en conséquence dans son environnement. On tient là indiscutablement un mythe tenace dans la pensée humaine et également des réalisations technologiques toujours plus spectaculaires ;

– l'esprit artificiel capable d'apprentissage et de raisonnement. De l'intelligence artificielle au programme japonais de la 5e génération, cette figure constitue l'incarnation même du mythe ayant donné lieu à un programme de recherche partagé internationalement. Son échec n'a pas vraiment écarté le mythe qui perdure désormais sous d'autres figures à l'allure plus ou moins innocente, comme le Web sémantique ou la recherche d'information.

Ainsi, l'outil, l'instrument et le contenu sont des média-tions du sens et permettent à l'être humain d'hériter du passé, de se constituer une origine et de se donner un avenir. Cependant, ces trois instances, en devenant machiniques, conduisent à une ambiguïté où le sens est éliminé au profit d'un fonctionnement autonome et aveugle, l'automatisme de la machine révoquant l'ouverture de sens et l'interven-tion libre de l'utilisateur, ce dernier étant rapporté à la dimension de simple opérateur et assistant de la machine (alimenter son fonctionnement) ou de consommateur (justifier son fonctionnement) de ses produits.

Objet technique	Supplément/ Prothétisation	Dépassement/ Machinisme
Outil	Geste	Machine-outil
Instrument	Perception	Robot
Contenu	Pensée	Intelligence artificielle

Il s'agit à présent de comprendre comment fonctionne précisément la technique et de revenir sur ce qui lui permet d'être à la fois la condition du sens et sa négation. Cette analyse sera faite en abordant la technique à travers la no-tion de dispositif.

La technique comme dispositif

Caractérisation

Selon nous, la question de la technique se ramène en son essence à celle du *dispositif*. Un dispositif est une *organisation matérielle et spatiale capable de produire et déterminer un devenir*. L'essence du dispositif est de déterminer par sa *configuration spatiale* un *comportement temporel*. Par exemple, un moteur à explosion est un ensemble matériel et spatial dont l'organisation permet de produire un cycle temporel, composé des quatre temps constitutifs du moteur à explosion (admission, compression, explosion, dilatation). C'est en effet le propre du mécanisme que de traduire l'espace en temps, en exploitant le potentiel de transformation, la tension, qu'il recèle. Autrement dit, le mécanisme consiste dans la compréhension que l'espace est un programme dont l'exécution donne le devenir et produit le temps, un temps calculé appréhendé comme un présent transformé. Toute technique, dans cette optique, est un mécanisme qui, quand on fait abstraction de la matière physique, est un calcul. L'aboutissement contemporain des technologies de l'information qui envahissent tous les secteurs de la société, mais aussi de la technique, n'est que l'explicitation progressive de la signification de la technique comme mécanisme, et du mécanisme comme calcul. C'est pourquoi d'ailleurs nous prolongerons les réflexions proposées dans ce chapitre par un développement consacré au numérique qui constitue à la fois l'aboutissement mais aussi la révélation de ce qu'est la technique.

C'est sans nul doute la science du XVIIe siècle qui, avec Descartes et la géométrisation de la physique, a mis en place ces principes qui se sont considérablement développés les deux siècles suivants, comme en témoignent par exemple les travaux de l'*Encyclopédie* de Diderot et d'Alembert (voir l'encadré suivant).

Du mécanisme au numérique : une métaphore de l'horloge

Déjà, dans l'*Encyclopédie*, Diderot écrivait pour caractériser la notion de système :

« Le système n'est autre chose que la disposition des différentes parties d'un art ou d'une science dans un état où elles se soutiennent toutes mutuellement, et où les dernières s'expliquent par les premières. Celles qui rendent raison des autres s'appellent principes, et le système est d'autant plus parfait que les principes sont en plus petit nombre : il est même à souhaiter qu'on les réduise à un seul. Car de même que dans une horloge il y a un principal ressort duquel tous les autres dépendent, il y a aussi dans tous les systèmes un premier principe auquel sont subordonnées les différentes parties qui le composent. »

L'horloge est par excellence le mécanisme qui traduit une disposition spatiale en déroulement temporel du fait des forces en présence. Ce mécanisme exemplaire permet par analogie et par extension de penser la nature. C'est ainsi que le fonctionnement du vivant est comparé à une horloge par La Mettrie dans *L'Homme-Machine* [*La Mettrie* 1981] :

« Le corps humain est une horloge, mais immense, et construite avec tant d'artifice et d'habileté, que si la roue qui sert à marquer les secondes vient à s'arrêter, celle des minutes tourne et va toujours son train ; comme la roue des quarts continue à se mouvoir, et ainsi des autres, quand les premières, rouillées ou dérangées par quelque cause que ce soit, ont interrompu leur marche. »

Cette conception mécanique s'étend également à la société et donnera lieu à la tradition technico-politique du contrôle et de la régulation de la société : le mécanisme permet à la fois d'analyser mais aussi de manipuler les corps, vivants ou sociaux. Michel Foucault [*Foucault* 1975, p. 138] parle ainsi d'une « théorie générale du dressage ».

Cette théorie du mécanisme permet de le comprendre comme réduction à des éléments et recombinaison et manipulation de ces derniers : le mécanisme est à la fois une analyse (on découpe en morceau -*lyse*) réductionniste et une reconstruction-manipulation. Ces principes du mécanisme, en retenant la forme des transformations mais en délaissant leur matière, donneront ceux du numérique, dont le noème sera conçu comme un « ça a été manipulé » et dont la tendance technique sera comprise comme la décomposition et la recombinaison.

En s'appuyant sur les mots employés pour l'analyser, le dispositif pro-duit au sens où il conduit (« *ducere* ») devant (« *pro* »). Mais que met-il devant ? Ce qui est prévu : il construit dans le présent ce qui n'était que prévision pour le futur. Par conséquent, le propre du dispositif est de rendre actuel ce qui est prévu, de rendre présent au terme de son déroulement ce qui était à venir.

Le dispositif va à ce stade avoir deux grands types de conséquence, quasi opposés. D'une part, le dispositif en rendant l'avenir accessible depuis le présent crée les conditions de possibilité de l'anticipation : le futur, c'est ce qui peut arriver quand on agit selon les termes du présent. Il permet de constituer un horizon d'anticipation et un arrière-plan mémorial, le dispositif donnant à hériter d'un déjà-là. Mais, d'autre part, le dispositif va réduire le futur à ce qui est programmé : le futur n'est qu'un avatar du présent. Il va donc réduire et annuler les horizons qu'il aura permis de constituer.

Tout d'abord l'anticipation. Le principe est que le dispositif possède une structure qui permet de conditionner l'enchaînement des actions. À travers cet enchaînement, le projet à la source de la saisie de l'outil se concrétise et construit son horizon, l'horizon des situations résultantes des actions entreprises. L'outil technique permet d'*inventer des possibles*, de rendre possible par son entremise ce qui ne l'était pas avant. L'outil a dès lors deux rôles complémentaires : ontogonique et noogonique. Ces termes fleurant bon le barbarisme indiquent que la technique permet de créer de nouveaux êtres (onto-gonie) et de nouvelles manières de penser (noo-gonie).

De même, l'outil est un vecteur de mémoire : il permet de transmettre un passé. En effet, par sa structure, par sa disposition, le dispositif permet de reproduire une action ou une parole qui a déjà été produite ou proférée, il permet de se l'approprier dans un usage actuel. Autrement dit, le dispositif donne un contenu au passé, une matière où ce que l'on fait et dit est la reproduction de l'intention matérialisée dans le dispositif. Bien sûr, l'usage est plus une ré-invention qu'une reproduction fidèle, et le passé ainsi transmis est soumis à l'interprétation nécessaire à l'appropriation du dispositif. Mais si le contenu ainsi transmis n'est pas vérace, il est au moins considéré par essence comme une reproduction d'un déjà-là, d'un ayant été, et constitue donc à ce titre un horizon du passé, un héritage qu'il faudra faire fructifier, même si son inventaire relève de l'invention. Cet inventaire, toujours fautif, sera néanmoins effectué dans une recherche de vérité, de conformité au passé hérité, pour savoir d'où on vient et déterminer où l'on peut aller.

Ensuite, la réduction du futur. Le dispositif rend en effet certain le futur, aussi certain que peut l'être le présent, puisqu'il donne le moyen de relier le futur au présent *via* le procédé dont il est la matérialisation. À l'incertitude du futur, à l'ouverture du devenir (au sens où l'on reste *ouvert*, prêt à ce qui n'est pas anticipé, prévu), le dispositif oppose un à-venir résultat d'un processus contrôlé et donc certain. Le dispositif est destiné à maîtriser l'incertitude du devenir pour l'arraisonner à la certitude d'un déroulement temporel qui produira le résultat attendu. Ainsi, au lieu d'ouvrir à un futur que l'on peut désormais anticiper et inventer, le dispositif enfle le présent pour y inclure tout ce qui est calculable depuis l'instant courant comme étant inéluctable et certain. Le dispositif réabsorbe dans un grand présent calculé ce qu'il avait permis de constituer hors de notre présent originaire et immanent. En devenant calcul, l'anticipation n'est plus une émancipation hors de l'immanence mais une reconduction à cette dernière en ayant éliminé toute possibilité d'y échapper.

Le dispositif est donc à la fois l'ouverture au futur (temporalisation résultant de l'utilisation du dispositif), et la négation du temps dans sa dimension d'incertitude et d'ouverture, en le refermant sur un processus devant produire le résultat. Cette notion de dispositif permet de souligner quatre aspects essentiels de la technique :

– la reproductibilité : le propre du dispositif est d'être capable de répéter la même suite d'événements à partir de conditions initiales données ; en ce sens, la technique et ses dispositifs associés, c'est ce que l'on fait pour que « ça marche », pour que « ça marche comme prévu » et en fait, essentiellement, « ça marche comme avant » ; c'est la permanence du dispositif comme inscription dans l'espace qui permet de reproduire le résultat, à l'instar du programme informatique dont la permanence en mémoire permet d'entreprendre toutes les actions nécessaires quand il est exécuté ;

– la planification : la technique est essentiellement un rapport au temps. C'est parce que nous savons que nous avons un devenir, qu'il y a un « après » qui suit le « maintenant » que nous vivons en ce moment, que nous voulons prévoir cet « après ». Mais il ne suffit pas qu'il y ait un futur pour que la planification nous semble nécessaire, il faut aussi que ce futur soit indéterminé : à quoi bon planifier un futur déjà déterminé, sans incertitude sur ce qu'il nous réserve ? Il y a un futur, ce futur est ouvert, incertain, et c'est pour résorber cette incertitude, pallier l'indétermination du devenir que la technique intervient pour construire l'à-venir de manière contrôlée, car reproductible ;

– la temporalité : le dispositif a pour fonction de convertir en rapport dans l'espace un rapport au temps ; la technique est à ce niveau une dé-temporalisation du devenir, pour le spatialiser. Le futur devient alors une modalité du présent : ce qui arrive nécessairement à partir du moment présent où le dispositif est mis en action. Le dispositif met le futur à disposition ;

– la manipulation : le dispositif dispose d'un ensemble d'éléments matériels qu'il organise en un système ; les éléments composant ce système obéissent à des règles ou lois qui tendent à être universelles et nécessaires, de manière à assurer la reproductibilité du fonctionnement et à garantir ses résultats. Du savoir-faire artisanal qui manipule les outils aux lois scientifiques qui sont au fondement des systèmes techniques, le dispositif est un système dont le comportement ne doit pas être soumis à l'arbitraire. Il ne doit pas être le jouet des variations du contexte ni des caprices de ses utilisateurs. Le dispositif fonctionne comme « dispositif » s'il obéit à ses propres règles de fonctionnement, et si la cohérence interne provenant des lois de la manipulation de ses composants prime l'influence extérieure.

Ces analyses appellent plusieurs remarques.

La technique se définit de manière primordiale comme un rapport au temps. L'être humain est l'être qui sait qu'il va mourir sans savoir ni quand ni comment il va mourir : à la certitude de la mort promise s'ajoutent l'incertitude et l'indétermination des conditions de la mort. Il y a donc un futur (on va mourir un jour), mais ce futur est indéterminé (on ne sait ni quand ni comment)[1]. C'est la raison pour laquelle l'être humain doit planifier son avenir : la période sur laquelle porte la planification devient ainsi moins incertaine et moins sujette à la rencontre avec la mort, rencontre pourtant promise. Mais ce rapport à la mort est sans doute trop axé sur le rapport à soi-même : le rapport à la mort, contrairement à ce

---

1. Heidegger le souligne dans sa conférence sur *Le Concept de temps* de 1924 : « L'être-là possède en lui-même cette possibilité de coïncider avec sa mort en tant qu'elle est la possibilité extrême de lui-même. Cette possibilité ontologique extrême est une certitude dont le caractère est l'imminence, et cette certitude est caractérisée pour sa part par une complète indétermination. L'interprétation de l'être-là qui dépasse en certitude et en vérité propre toute autre affirmation est l'interprétation qui se rapporte à sa mort, la certitude indéterminée de la possibilité la plus propre de l'être-vers-la-fin » [*Haar* 1983, p. 42].

que dit Heidegger, n'est pas le rapport à sa mort, mais le rapport à la mort d'autrui : autrui, en constituant notre horizon pour lequel il y a sens, nous indique lors de sa mort une finitude incontournable contre lequel bute toute donation de sens. Ce n'est donc pas ma mort qui définit le rapport au temps, car pour anticiper ma mort il faudrait déjà disposer de la temporalité. C'est donc une pétition de principe. C'est bien plutôt la mort de l'autre que j'appréhende comme *alter ego* qui me permet de me rapporter à ma propre mort et ainsi de l'anticiper : soi-même comme un autre.

Définir la technique comme un dispositif visant à reproduire et contrôler un déroulement temporel ne doit pas masquer que le dispositif est lui-même soumis à une évolution dans le temps. Bien que l'animal puisse faire preuve de méthodes et savoir-faire, qu'il fasse appel parfois à des instruments, il apparaît que l'homme est seul à se doter d'un outil qu'il *conserve* et *améliore*, comme le rappelle par exemple fort opportunément [*Baudet* 2003]. Autrement dit, non seulement le dispositif vise à contrôler le temps mais, ce contrôle n'étant jamais parfait, le dispositif connaît une histoire où il évolue constamment pour mieux parvenir à cette maîtrise. Cette histoire des dispositifs donne lieu à des lignées techniques [*Leroi-Gourhan* 1973] où s'exprime une dynamique, une tendance interne d'évolution, comme [*Simondon* 1989] le montre bien. Cette dimension est fondamentale : la technique évoluera toujours dans le sens d'une amélioration de sa propre efficacité, dans une recherche permanente de sa propre performance. En ce sens, on comprend que la technique puisse être sa propre fin, la propre recherche d'elle-même : cette optimisation permanente consiste à garantir avec le plus de certitude possible le déroulement temporel visé à partir de l'économie des moyens disposés dans l'espace ; économie à prendre dans tous les sens du terme : à la fois l'organisation améliorée de ces moyens, mais aussi la diminution des coûts engendrés par ces moyens. Autrement dit, en introduisant la dimension temporelle non seulement dans le fonctionnement des dispositifs, mais aussi dans leur évolution, on comprend que la technique devient avant tout une recherche d'efficacité et d'économie.

Cohérence interne, cohérence concrète et cohérence externe des dispositifs

Les trois cohérences

Il faut distinguer un triple point de vue sur le dispositif. Selon le premier, un dispositif possède une *cohérence interne*, décrite comme un procédé obéissant aux lois de la nature. Mais, selon un deuxième point de vue, le dispositif possède une *cohérence concrète* selon laquelle il doit composer entre différentes approches de la nature, différentes contraintes propres aux matières, matériaux, systèmes mobilisés par le dispositif. Alors que la cohérence interne repose sur le savoir scientifique qui démontre sa possibilité et son efficience, la cohérence concrète renvoie à l'expertise de l'ingénieur qui ajuste et adapte les différents composants du dispositif quand il faut le construire et le réaliser matériellement et concrètement.

Finalement, le dispositif possède également une *cohérence externe* en fonction de laquelle il s'intègre plus ou moins à un contexte d'utilisation et d'usage. Ce point de vue extrinsèque renvoie davantage à la pertinence de la fonction, son statut et son rôle, plutôt qu'à la réalisation technique de cette dernière. Alors que la cohérence interne relève d'un discours scientifique et démonstratif, alors que la cohérence concrète renvoie plutôt à l'expertise (au sens de l'expérience et du savoir propre à certains experts), la cohérence externe renvoie à l'argumentation et au débat collectif selon lequel un dispositif est utile ou non, pertinent ou cohérent : il n'y a pas de savoir scientifique démonstratif à propos de la cohérence externe des dispositifs, seulement des argumentaires plus ou moins rigoureux même s'ils restent rationnels. Ainsi, si la cohérence interne des dispositifs renvoie aux compétences « scientifiques » des ingénieurs, et la cohérence concrète à leur maîtrise technique des procédés élaborés à l'aide des sciences de la nature, la cohérence externe renvoie aux interprétations culturelles, sociales ou cognitives, du dispositif intégré à un contexte d'utilisation. Cette dimension n'échappe pas à l'ingénieur, qui travaille sur l'articulation entre le *procédé interne*, sa *réalisation concrète* et son *interprétation externe*. Mais, concernant ce dernier aspect, il doit délibérer avec d'autres acteurs, ceux de l'usage et du contexte.

Cette distinction nous paraît fondamentale dans la mesure où elle montre comment la technique doit être la rencontre à la fois des sciences de la nature et des sciences de la culture, de la pratique et du théorique. Mais de cette rencontre résulte le fait que l'articulation entre procédé interne, réalisation concrète et interprétation externe suscite des tensions entre plusieurs paradigmes épistémologiques distincts et souvent opposés.

La cohérence interne : l'invention scientifique

Selon les sciences de la nature, la recherche s'effectue en isolant un phénomène que l'on étudie en contrôlant tous les facteurs interagissant avec lui. L'enceinte du laboratoire a pour vocation de fournir ce contrôle, et permet de reproduire et d'analyser les interactions naturelles de manière à objectiver le phénomène étudié et ses variations. La recherche est donc par essence « confinée » pour reprendre l'expression de Callon, Lascoumes et Barthe [*Callon* 2001] : elle permet de contrôler les facteurs externes et donc d'observer un phénomène *décontextualisé*. Elle repose sur la formalisation qui, dégageant des éléments en présence – les définitions idéales sous lesquelles les caractériser –, permet de mener à bien les démonstrations, certaines et nécessaires car ne portant plus sur le réel mais sur son idéalisation.

La cohérence interne repose donc sur la recherche d'une cohérence idéale décrivant la nécessité du dispositif. Elle incarne la posture du savoir et de la recherche de la connaissance au sens classique du terme, c'est-à-dire la connaissance du vrai et du nécessaire rendant compte de l'ordre des choses et de leurs comportements. Mais cette recherche peut avoir deux buts, deux finalités qui orientent selon des directions opposées sa démarche. En effet la recherche peut être guidée par la volonté de rendre plus intelligibles les processus de la nature ainsi que ceux mobilisés dans les dispositifs. Mais elle peut être guidée par une volonté de maîtrise et de contrôle, le savoir dégageant la nécessité présente dans les processus permettant de les arraisonner. Intelligibilité ou maîtrise sont donc les deux facettes de la recherche du savoir au principe de la cohérence interne. Si bien que la cohérence interne sera au croisement des deux figures de la science aujourd'hui, la figure du savant ou de la recherche désintéressée, d'une part, et celle de la techno-science, d'autre part, qui asservit la connaissance à la maîtrise des dispositifs à construire.

La cohérence concrète : la modélisation technique

Toute autre est l'approche de l'ingénierie d'une part, des sciences de la culture d'autre part, pour lesquelles décontextualiser un phénomène revient à l'annihiler. La recherche est dans ce contexte une recherche de « plein air » [*Callon* 2001], car son laboratoire ne peut être que le monde lui-même, dans sa contingence et sa variabilité. Si le regard doit être focalisé et ne pas se disperser sur les multiples dimensions possibles du réel, l'objet étudié ne doit pas être soumis à la réduction imposée par le confinement d'un laboratoire, sous peine de disparaître ou de se transformer en un artefact d'expérimentation[1].

En effet, l'ingénierie s'attelle à la mise en œuvre effective des procédés internes inventés par la recherche scientifique pour leur donner une réalité concrète : pour cela, il faut assumer leur confrontation effective aux aléas entraînés par la construction des dispositifs, leur passage à l'échelle, du

---

1. Le terme d'artefact possède deux acceptions essentielles : selon la première, un artefact est une entité créée par un instrument de mesure venant altérer l'observation ; selon la seconde, un artefact désigne tout objet construit par l'homme. Nous proposons le terme « artefact d'expérimentation » pour la première acception, et « artefact » tout court pour la seconde. Ces deux acceptions ne sont pas sans rapport : l'artefact d'expérimentation est bien un effet ou fait de l'art, provoqué par l'art de l'expérimentateur venant se confondre avec la réalité observée au risque d'être pris pour cette dernière.

laboratoire vers la dimension industrielle ; de même, il faut aussi mener la négociation avec les autres dispositifs, leurs éléments et les contraintes associées, nécessaires à la construction du dispositif. Par exemple, si on a le principe d'un composant électrique que l'on peut miniaturiser grâce à une invention scientifique, il reste à prendre en compte pour son fonctionnement effectif le dégagement de chaleur qui devient problématique à de si petites échelles. Il faut donc entreprendre une réflexion au-delà du confinement du laboratoire pour aborder des interactions et des contraintes suscitées par l'exposition à la réalité concrète et ouverte.

C'est pourquoi l'ingénieur doit être capable d'innover, d'inventer lui aussi, mais d'une autre manière. À la rigueur du scientifique qui théorise, il va substituer le bricolage qui permet de s'adapter à des réalités hétérogènes entre elles. Bricoleur de l'hétérogène, l'ingénieur développe une autre rigueur : c'est de l'empirisme raisonné qui doit inventer une solution qui soit un compromis. Pour explorer cette complexité, l'ingénieur développe des savoirs et des postures singulières. En particulier, il se fait modélisateur. La modélisation consiste à construire une représentation opératoire de la réalité que l'on peut faire fonctionner pour simuler le réel. Le modèle est donc un objet signifiant particulier qui, pour bien comprendre ce qui le caractérise, peut être opposé aux autres types de représentations ou signes.

Pour notre propos, nous retenons trois grands types d'objets signifiants : le *signe*, la *représentation* ou *modèle*, et le *symbole*.

Tout d'abord, ces objets, le signe, la représentation et le symbole sont des relations. Le signe articule un signifiant à un signifié. Le signifiant est parfois désigné comme un signe, le signifié comme une signification (par métonymie sur la relation). La représentation articule un représentant à un représenté. Le représentant est parfois désigné par le terme de représentation. Le symbole articule un symbole à un symbolisé, la terminologie flottant entre le symbole qui représente ou le symbolisé représenté. Reprenons-les dans cet ordre.

La fonction d'un signifiant est de rendre présent un signifié. Il fait venir à l'esprit ce qui n'était pas présent. Autrement dit, le signifiant, au contraire du représentant (voir *infra*), s'efface devant le signifié car il ne peut s'y substituer. C'est la raison pour laquelle la signification désigne davantage le signifié que le signifiant. Car l'essence de la relation de signification est d'aboutir au signifié, dont la présence rendue possible annule l'efficace du signifiant.

La relation entre le signifiant et le signifié est en général arbitraire. Il suffit que le signifiant ait une puissance d'évocation et d'association. En effet, à partir du moment où il est rendu présent, le signifié exhibe son propre comportement et ainsi ce que fait le signifiant passe au second plan. C'est ce que l'on voit dans la langue, où les relations entre les signifiés ne sont que très partiellement reproduites par les relations entre les signifiants. De même, la nature du signifiant est arbitraire par rapport à celle du signifié.

La fonction d'un représentant est d'être un objet qui possède une certaine partie des propriétés et attributs de ce qu'il représente ; son comportement manifeste alors le comportement qu'aurait son représenté s'il était présent. En politique, on a ainsi un représentant plénipotentiaire dans la mesure où il possède toute l'efficace causale de son représenté. Le propre d'une représentation n'est donc pas de rendre présent le représenté, mais de s'y substituer en héritant de son efficace. La présence du représentant rend inutile celle du représenté. C'est donc la raison pour laquelle on appelle souvent le représentant par le terme de « représentation », car c'est le représentant qui capte l'essentiel de la relation de représentation.

Enfin, le symbole pose à part égale le symbole et le symbolisé. En revenant à l'étymologie du terme, on se souvient qu'il s'agit d'un objet brisé et séparé en deux : chaque partie ne pouvant s'unir qu'à l'autre pour reconstituer l'objet original, elle devient *ipso facto* un symbole de l'autre. Sa présence est la preuve même de l'existence de l'autre : elle le rend présent sans s'effacer mais en manifestant et en imposant sa propre présence. Ni représentation prenant le pas sur le représenté, ni signifiant s'effaçant devant le signifié, le symbole est la manifestation matérielle d'un symbolisé qui lui est consubstantiel.

Le modèle est une représentation : il se substitue au réel en étant capable d'en reproduire certaines propriétés, ce qui autorise d'ailleurs à ne pas aller voir au-delà de lui. Bien sûr, il faut valider le modèle, et déterminer un périmètre de validité. Mais à partir du moment où le modèle est calibré, validé expérimentalement et limité dans son périmètre d'application, on peut s'appuyer sur lui pour consulter le réel.

À ce titre, le modèle – la représentation – n'est pas un signe. Un représentant peut reproduire le comportement d'un représenté sans pour autant le rendre présent. Le modèle représente le réel mais ne le signifie pas car il ne le rend pas présent. La simulation d'un modèle d'incendie ne brûle pas l'ordinateur : il reproduit certaines caractéristiques de son comportement, mais n'hérite pas du pouvoir causal matériel de la réalité représenté. De même, un mariage contracté par un représentant (dans la diplomatie royale de jadis) ne peut être consommé : le représentant ne peut se substituer au représenté que dans une certaine mesure, et il ne le rend pas présent.

L'ingénieur s'appuie donc sur des modèles qui lui permettent d'ajuster sa conception technique et sa réalisation. Les différents modèles utilisés se traduisent par des simulations, où on expérimente ainsi le réel à travers ses « représentants » de manière à trouver le bon compromis.

La réalisation concrète impliquant la négociation avec un réel multiple et hétérogène, le modèle permet à l'ingénieur de mener à bien cette négociation. C'est pourquoi une bonne partie de sa recherche technologique réside dans la définition et la construction de modèles de plus en plus riches, prenant en compte la réalité dans sa complexité et son hétérogénéité : les modèles se font ainsi multi-physiques et multi-échelles pour que le compromis défini par l'ingénieur puisse trouver sa conception et sa justification dans les simulations (et donc des expérimentations puisque ces modèles sont des lieu-tenances du réel) effectuées par l'intermédiaire de ces modèles.

La cohérence concrète est donc le lieu où le dispositif apprend à négocier avec la réalité matérielle de ses composants et de son environnement. Là encore, cette négociation peut se mener de différentes manières. Selon une posture, l'enjeu est de contrôler et maîtriser la matière sous-jacente et ainsi de s'assurer de son comportement. C'est la posture du technicien. Mais selon une autre posture, l'enjeu est d'innover à travers ce que la matière même suggère et suscite dans les interprétations possibles que nous pouvons en faire. Cette posture est celle de l'artiste, qui apprend à sortir du confinement des dispositifs et de leur rationalité déjà décidée pour dégager de nouveaux sens possibles. L'ingénieur – artiste, si tant est qu'il faille distinguer les deux activités, recherche donc de nouvelles perspectives en se mettant à l'écoute de la concrétude des matériaux et éléments qu'il mobilise.

La cohérence externe : la caractérisation interprétative

Finalement, la cohérence externe repose sur l'interprétation que l'on peut faire des dispositifs dans leur inscription dans le monde du sens et des usages, dans la réalité sociale dans toute sa complexité. Or, la réalité sociale ne se laisse pas décrire par des lois immuables où chaque fait n'est qu'une instanciation ou réalisation de cette loi. Les lois du social, du sens, sont plutôt des grilles de lecture qui permettent de confronter une singularité rencontrée à une interprétation attendue, le fait se comprenant et s'interprétant par l'écart qu'il entretient à la norme attendue plus que par sa conformité à cette norme. Cette recherche de l'écart comme clef de compréhension, c'est ce que l'on nomme la *caractérisation*.

Le fonctionnement de la langue permet d'illustrer ce que l'on nomme ici caractérisation : la langue comme système formalisé et théorisé dans nos dictionnaires, grammaires, théories linguistiques, propose une norme délimitant ce qui peut être dit et le sens qu'on peut lui attribuer. Mais la langue comme usage, comme ensemble d'énoncés effectivement proférés se joue de ces normes pour déterminer des déviances, des innovations, des écarts. Ces écarts amènent à revoir nos lexiques et nos grammaires, qui sont donc toujours en retard sur l'usage. Comme Rastier le souligne [*Rastier* 2001], la langue comme usage est davantage une suite d'hapax, d'usages uniques de termes possédant dès lors le sens unique donné par le discours qui les mobilise, que l'application fidèle des normes linguistiques. Si bien que comprendre, c'est toujours saisir l'écart entre ce que l'on aurait pu dire en fonction de la norme et de ce que l'on a dit, la norme étant la condition nécessaire pour la compréhension mais qui n'est là que pour être dépassée.

La caractérisation s'explicite à travers l'argumentation rhétorique, qui repose sur des figures normées pour faire ressortir le nouveau et l'inédit. De même que le scientifique repose sur la formalisation pour mener à bien ses démonstrations, et l'ingénieur sur la modélisation pour effectuer ses simulations, la rhétorique repose sur la caractérisation pour mener à bien ses argumentations.

La cohérence externe est donc le moment de la rencontre avec le social, et plus directement avec l'autre qu'il faut convaincre et avec lequel il faut composer. Cette rencontre peut se comprendre comme une intégration de l'autre comme un élément du dispositif : ce dernier devient le fameux utilisateur qu'on trouve dans les méthodes de conception de projet, qu'on somme d'exprimer des besoins qu'il n'a pas pour utiliser un système dont il n'est qu'un des composants. Cette posture renvoie à celle du marketing, pris en sens large, où l'objectif est d'arraisonner l'autre, de le manipuler dans ses désirs et comportements, pour qu'il devienne le corrélat attendu du dispositif [*Stiegler* 2004]. Mais la cohérence externe peut déboucher sur la mise en question du collectif tel qu'il est conditionné par les dispositifs : c'est la question du politique, qui doit délibérer et construire l'argumentaire partagé et accepté concernant le vivre ensemble dans un monde façonné par nos dispositifs.

Trois paradigmes épistémologiques

Au terme de ces analyses, on dégage ainsi trois postures complémentaires mais irréductibles pour penser un dispositif. Le dispositif repose sur une invention scientifique qui renvoie à une loi de la nature qui se définit par la répétabilité, la nécessité et l'universalité. La reproductibilité des expériences, la méthodologie de l'expérimentation, le formalisme de la théorie sont la traduction concrète de cette recherche de rigueur et de nécessité.

Le dispositif repose également sur la modélisation technique où les modèles, représentant le réel dans ses différentes facettes et contraintes, permettent de simuler et expérimenter les différentes solutions possibles pour ajuster et dégager un compromis, une invention technique.

Enfin, le dispositif renvoie à la caractérisation interprétative, la recherche de l'écart à la norme établie pour en comprendre le sens et la valeur, que ce soit pour le penser ou pour ré-interroger la norme dans sa légitimité et véracité.

Ces distinctions ne sont pas évidentes et ne vont pas sans un arrière-plan polémique. Si on peut dire que l'invention scientifique renvoie aux sciences de la nature, et la caractérisation interprétative aux sciences de la culture, la modélisation technique n'est pas toujours reconnue pour elle-même, puisqu'on n'y voit souvent que l'application de la loi scientifique. Ce découpage doit être discuté et justifié.

La distinction des sciences de la nature et des sciences de la culture remonte à Cassirer, qui prenait ainsi ses distances avec la classique distinction entre les *Naturwissenschaften* (sciences de la nature) et les *Geisteswissenschaften* (sciences de l'esprit) de Dilthey. En effet, ce dernier opposait l'*expliquer* des sciences de la nature au *comprendre* des sciences de l'esprit : si expliquer revient à chercher dans l'extériorité du monde la loi reproductible et nécessaire des phénomènes, comprendre repose sur l'intériorité de l'esprit où l'enjeu est de revivre et de s'approprier dans ses propres mots, ses propres vécus, le phénomène donné à l'esprit. D'un côté, le formalisme qui traduit dans la rigueur mathématique la nécessaire reproduction des phénomènes, attestée par la mesure expérimentale exacte, de l'autre, l'empathie qui permet de donner un sens et une compréhension à ce qui se passe car cela fait écho en nous, parce que cela correspond à ce que l'on aurait pu vivre, penser, ressentir.

Souvent la posture interprétative est déniée pour son subjectivisme supposé et l'arbitraire de la compréhension. Mais la contester c'est finalement s'interdire de comprendre ce que « comprendre » veut dire, et par exemple de saisir ce que cela signifie que de comprendre les lois scientifiques. On se souvient que Descartes militait pour des idées claires et distinctes qui s'imposaient à la conscience dans une intuition qui les mettait hors de doute. De même Husserl reconnaît dans la « présence en chair et en os » des objets visés par la conscience le gage de leur vérité et réalité. Finalement, expliquer et comprendre ne doivent pas s'opposer mais se composer pour donner lieu à une meilleure caractérisation du savoir, un savoir objectif par ce qu'il vise, mais vécu par un comprendre pour qu'il soit signifiant et parlant pour nous.

Au-delà de cette posture du comprendre propre aux sciences de l'esprit, la perspective s'élargit vers les sciences de la culture qui ont dès lors pour finalité de dégager la signifiance des faits humains à partir des écarts qu'ils établissent avec les normes culturelles. Ces écarts se constituent à partir de notre appropriation des faits à travers laquelle nous les vivons dans leur singularité et objectivons ainsi leur dimension humaine et leur différence à la norme.

Mais entre les sciences de la nature et celles de la culture, il faut aussi faire une place aux sciences de la technique, qui possède une légitimité et originalité épistémologiques : un modèle n'est pas une loi scientifique ni un vécu d'appropriation interprétatif. Un modèle n'a pas pour vocation première d'expliquer ou de retracer le sens des choses pour nous, mais de simuler. Si parfois des constructions théoriques cherchent à faire converger ces trois finalités (expliquer, interpréter, simuler), il n'en demeure pas moins que le modèle technique occupe une position que ne peuvent revendiquer les autres.

Finalement, on s'aperçoit que l'ingénieur qui doit assumer la conception et la réalisation des dispositifs s'identifie à une posture particulière, la modélisation, mais qu'il doit assumer aussi les autres, l'invention scientifique et la caractérisation interprétative. Même s'il n'a pas vocation à devenir scientifique, ni chercheur en sciences de la culture, il a pour mission de discuter les conséquences de ses modèles avec le scientifique auquel il emprunte ses lois et avec les sciences sociales auxquelles il soumet comme nouvel acteur de la société son dispositif.

Le tableau suivant synthétise les niveaux de cohérence que nous avons dégagés ainsi que les postures auxquelles ils renvoient :

Cohérence	Paradigme épistémologique	Enjeu	Principe en jeu	Figure de l'arraisonnement	Figure de l'émancipation
Interne	Le scientifique : formalisation/ démonstration	Savoir	Le nécessaire	Maîtrise : la techno-science	Intelligibilité : le savant
Concrète	L'ingénieur : modélisation/ simulation	Matière	Le possible	Le contrôle : Le technicien	L'inouï : l'artiste
Externe	Le rhéteur : caractérisation/ argumentation	Autrui	Le décidé	La manipulation : le Marketing	Le débat : le politique

Une double abstraction : le formel et l'interprétatif, le programme et la méthode

Le dispositif est la disposition d'éléments dans l'espace pour commander un déroulement dans le temps : une question est de savoir jusqu'où peut aller la détermination du temps par l'organisation de l'espace. En particulier, si parmi les éléments en quoi consiste matériellement le dispositif, on compte des acteurs humains ou non, il faudra prendre en compte leur capacité à intervenir dans le déroulement du processus commandé par le dispositif. C'est sur cette question qu'il convient de distinguer entre le programme et la méthode.

Le dispositif comme programme ne mobilise que des agents matériels dont le comportement est programmé alors que le dispositif comme méthode est un ensemble de prescriptions que des agents humains doivent suivre. La méthode est de ce fait moins formalisée et objectivée que la machine car elle peut reposer sur l'interprétation humaine et son invention. L'agent humain peut improviser, adapter la méthode pour l'utiliser alors que son application stricte aboutirait à un échec.

La tendance naturelle de la méthode est de poursuivre sa formalisation de manière à pouvoir fonctionner comme un programme et donc à mobiliser l'agent humain non comme un agent interprétant et improvisant mais comme un simple exécutant. Parfois, la méthode élimine la mobilisation de la médiation interprétative en s'objectivant complètement en un dispositif technique et machinique, comme on le voit dans les systèmes de gestion et l'industrialisation de nos techniques cognitives. Les instruments de notre pensée et de notre perception ont ainsi la tendance naturelle à s'améliorer pour penser et percevoir sans nous, la performance et la répétabilité techniques remplaçant l'adaptation et l'interprétation humaines. La méthode se fait alors *méthodologie,* quand son application repose sur des lois observées ou élaborées sur la nature des choses et qui permettent de fonder la méthode et d'assurer son succès. La méthodologie fonde la méthode comme programme.

La méthode serait donc le compromis empirique, une négociation nécessaire entre l'improvisation répondant à la singularité d'une situation, et un constat empirique effectué sur l'efficacité de certains gestes et enchaînements d'opérations techniques. La méthodologie serait son dépassement en une assurance certaine de son succès, fondé sur un savoir des lois du monde et de la nature, et matérialisé en un dispositif éliminant l'humain ou le convoquant simplement comme exécutant. La méthodologie, ou l'art de se comporter comme une machine ou comme un programme.

Mais cette évolution en soi ne pourrait suffire et fonctionner si l'environnement dans lequel opèrent des méthodes n'avait lui aussi une évolution semblable : l'environnement se doit de devenir régulier et homogène, permettant à la méthode devenue programme de fonctionner dans la pleine performance de son efficacité nécessaire et répétable. Si bien que dans l'environnement de la méthode également, se gomment progressivement les occasions pour l'improvisation et l'interprétation, la place et le rôle pour une médiation par un agent humain responsable. Cet environnement ne devient plus le nôtre, mais le milieu associé au programme, comme condition de son efficacité. C'est pourquoi l'environnement devient progressivement inhospitalier et inhabitable, dans la mesure où nos schèmes techniques, encadrant notre manière d'agir tout en laissant la place, notre place, à la révision et l'improvisation, sont remplacés par la commande technique où nous n'avons plus notre place sinon comme exécutants.

Une double gradation systémique : l'outil et le système, l'artisan et l'industrie

Cette tendance d'évolution de la méthode en programme *via* la méthodologie a son équivalent au niveau de l'usage des objets techniques, où l'on peut décrire un passage de l'outil artisanal au système technique, et donc de l'artisanat à l'industrie.

En effet, on peut distinguer entre le dispositif constitué d'outils, où l'usage de chaque outil repose sur le jugement de l'artisan qui estime l'adaptation de l'outil à la situation, à la manière de l'utiliser, l'adéquation de son effet, et le dispositif constitué de machines réunies en système technique, où chaque objet fonctionne de manière programmée dans un système global où le jugement n'est plus nécessaire.

Le dispositif comme système technique comporte des objets matériels dont le fonctionnement et l'agencement doivent être aussi mécaniques et automatiques que possible. Autrement dit, leur fonctionnement ne doit faire appel à aucune interprétation, aucune compréhension qui ne puisse être formalisée et appliquée par une machine. Le dispositif comme ensemble d'outils, en revanche, prescrit un ensemble de règles qu'un acteur humain doit suivre pour manipuler et agencer des objets. Ces règles nécessitent une interprétation et une compréhension non formelles, non mécaniques. Elles sont donc des points de repères pour répéter les gestes nécessaires ; la mémorisation associée n'est pas une pure répétition, mais comporte une part de réinvention rendue nécessaire par l'interprétation.

L'outil est le propre d'une rationalité artisanale. Dans un contexte artisanal, on mobilise des outils, mais l'outil ne prescrit pas par lui-même son usage et son fonctionnement, il propose un schème d'usage qui sera interprété par un utilisateur. D'une certaine manière, l'usage doit à chaque fois être ré-inventé : cette invention suit des lignes tracées par la structure de l'outil et son environnement technique, mais elle se déploie dans les variations laissées possibles par les usages multiples de l'outil. L'outil artisanal fait certes système avec d'autres outils, mais seulement de manière potentielle : ce système n'est actuel que par l'intermédiaire d'un artisan qui s'en sert. Ainsi, le marteau fait-il système avec des clous, mais déterminer ce qui est clou pour un marteau, et marteau pour des clous est du ressort de l'interprétation de l'artisan. La difficulté et la force du travail artisanal résident dans le fait que le passage de la puissance à l'acte du système d'outils résulte d'une invention, d'une création d'un usage des outils et de la construction d'un produit. C'est la raison pour laquelle l'artisanat est souvent si proche de l'art : l'appropriation des outils et de leur usage ouvre la voie d'une création inédite de formes esthétiques.

Symétriquement, le dispositif comme système technique est le propre d'une rationalité industrielle. Dans un contexte industriel, on mobilise un système technique actualisé d'outils capables de fonctionner de manière automatique et mécanique (éventuellement avec des opérateurs humains, mais tenant lieu de composants mécaniques, et non mobilisés pour leurs capacités interprétatives et créatives). Il n'y a donc pas de schèmes d'usage donnant lieu à une utilisation créative, mais un fonctionnement déterministe et déterminé : la reproduction du fonctionnement repose sur une répétition à l'identique, souvent garantie par la démonstration scientifique[1]. Au lieu de l'exemplaire unique créé par l'artisan, on obtient l'exemplaire de série. Le savoir-faire artisanal est alors *extériorisé* et *matérialisé*, totalement, en un dispositif autonome et mécanique. Ou, dit autrement, le dispositif *internalise* dans son fonctionnement *mécanique* l'*interprétation* que fait l'artisan de ses outils.

Rationalité artisanale et rationalité industrielle

Rationalité artisanale	Rationalité industrielle
Dispositif comme système d'outils	Dispositif comme système technique
Interprétation des outils	Reproduction mécanique
Exemplaire unique	Exemplaire de série
Production à la demande : *a posteriori*	Planification *a priori*
Méthode	Méthodologie/programme
Outil	Machine

1. Pour voir la différence entre la technique classique et la technique moderne, on nous pardonnera de prendre un exemple trivial tiré de notre expérience personnelle : le montage de meubles Ikea. Dans le bricolage habituel, on doit aborder les outils et les pièces dans leur concrétude directe pour négocier avec elles comment les assembler. C'est le problème par

Le dispositif réducteur : l'arraisonnement

Le dispositif est donc le principe même de la technique : là où il y a intention et répétition, et que cette dernière repose sur une matérialité structurée, il y a technique. La structuration de la matière crée les conditions de possibilité pour une temporalisation de la conscience humaine, donnant à hériter du geste prescrit par l'objet technique et à anticiper l'effet qu'il produit. L'objet technique crée des possibles et ouvre un horizon où l'humain trouve une capacité à se projeter et à intégrer dans un même horizon les événements auxquels il est confronté et donc ce qui lui arrive.

Mais la technique est aussi un instrument pour l'aliénation et l'élimination du sens. On l'a vu, dans la dialectique entre les différentes cohérences qui le constituent, la technique est traversée par la tension opposant et articulant une liberté interprétative, qui se saisit des possibles techniques pour inventer l'avenir, et une réduction programmée qui rapporte l'avenir au résultat calculé par le dispositif. Agent de sa liberté par l'interprétation qu'il apporte, ou instrument de

exemple de changer le boulon d'un vieux jouet, il faut trouver une vis et un écrou dans ses réserves, éventuellement refaire le filetage, etc. Dans le montage d'un meuble Ikea, on dispose d'une notice, de pièces préparées à l'avance : jamais on n'a besoin de considérer les objets en eux-mêmes, mais uniquement d'après les relations fonctionnelles qu'ils entretiennent entre eux ; les chevilles rentrent dans les trous prévus ; les boulons, vis et écrous s'assemblent selon des encoches, trous prévus à l'avance. Il n'est pas utile d'improviser et de s'adapter à la nature du bois, à la fonction du meuble, etc. Ce travail est déjà fait, le bois a été arraisonné pour le montage qui devient un acte simple, prévu selon un modèle (la notice) idéalisant le processus.

son aliénation en devenant l'exécutant du dispositif, l'être humain se trouve pris dans une opposition qu'il doit arriver à composer s'il ne veut pas s'en retrouver prisonnier et perdre ainsi son autonomie.

Voyons à présent les modalités sous lesquelles la technique élimine la liberté interprétative qu'elle permet pourtant. Nous pensons cette élimination à travers la notion d'arraisonnement, dans la mesure où le monde est rapporté à la raison de la technique qui s'en saisit comme moyens et instruments pour sa propre efficacité et performance. Cet arraisonnement porte sur trois instances :

– l'arraisonnement de la nature : l'être de la nature ne devient qu'une ressource pour le dispositif. N'existant que pour le dispositif et à travers la fonction qu'il y remplit, l'être n'a plus de consistance propre et devient interchangeable : être, c'est être remplaçable (Heidegger, cf. *infra*.) ;

– l'arraisonnement du devenir : le futur n'est plus une ouverture dévoilée par l'anticipation permise par la technique, mais la garantie d'un résultat calculé par le déterminisme technique. Le futur n'est plus que la répétition du présent, à un calcul près. Être, c'est être répétable ;

– l'arraisonnement d'autrui : la personne, l'*alter ego* n'est plus cette instance première qui vient déchirer le voile de mon immanence et de mon environnement propre pour m'ouvrir à un horizon qui me force à me positionner et m'inscrire en son sein pour y trouver le sens de ma vie ; l'*alter ego* n'est plus que le moyen brut du dispositif et il y est asservi pour en être un composant. Être, c'est être utilisable.

Ces modalités de l'arraisonnement reposent tous sur le même principe : la résorption des cohérences concrètes et externes dans la cohérence interne, où le dispositif n'est plus considéré que dans la recherche de sa propre performance répétable, nécessaire, et optimisée. C'est la totalisation de la cohérence interne qui est à la base de l'arraisonnement, quand les instances de la cohérence concrète et de la cohérence externe ne sont plus que des composants de la cohérence interne.

Arraisonnement de la Nature

L'arraisonnement de la nature renvoie directement aux analyses de Heidegger de la technique. La notion même de dispositif est essentielle dans sa réflexion :

> « La fabrication et l'utilisation d'outils, d'instruments et de machines font partie de ce qu'est la technique. En font partie ces choses mêmes qui sont fabriquées et utilisées, et aussi les besoins et les fins auxquels elles servent. L'ensemble de ces dispositifs est la technique. Elle est elle-même un dispositif, en latin un *inſtrumentum* » (*La Queſtion de la technique*, [*Heidegger* 1958, p. 10]).

Mais le propos de Heidegger, concernant la technique, est de dépasser le point de vue habituel selon lequel la technique est un instrument mis au service de fins que la technique ne contribue pas à déterminer. Selon la *doxa* commune, la technique n'est en effet qu'un simple moyen, entièrement soumis aux finalités que l'homme s'assigne ; c'est la conception instrumentale et anthropologique de la technique :

> « La représentation courante de la technique, suivant laquelle elle est un moyen et une activité humaine, peut donc être appelée la conception instrumentale et la conception anthropologique de la technique » (*La Queſtion de la technique*, [*Heidegger* 1958, p. 10]).

Selon Heidegger, la technique n'est ni simplement ins-trumentale, ni seulement anthropologique. Elle entretient une relation originale à l'Être que l'on ne peut réduire à une simple instrumentation, et que l'on ne peut adéquatement décrire comme une activité simplement humaine. Il faut en effet renverser la conception anthropologique : ce n'est pas la technique qui est une création de l'homme, mais l'homme qui se découvre une relation à l'Être du fait de la technique.

Cette relation à l'Être que permet la technique se décline selon deux modalités. Selon la première, la technique est une pro-duction, qui produit devant un sujet un objet. C'est la technique classique, qui s'installe dans un rapport sujet/ objet traditionnel et qui ne le modifie pas. La production est comprise comme un dévoilement, qui rend présent et visible ce qui était caché : la technique permet d'explorer l'être en se mettant à l'écoute de ce qu'il est, sans tenter de le vouloir autrement qu'il n'est. Selon la seconde modalité, celle de la technique moderne, la technique « provoque » le réel, le con-voque pour produire ses effets. Elle le détourne de son être pour n'y voir qu'une énergie qu'il convient d'extraire et d'ac-cumuler :

> « Le dévoilement, cependant, qui régit la technique moderne ne se déploie pas en une pro-duction au sens de la *poiesis*. Le dévoi-lement qui régit la technique moderne est une pro-vocation par laquelle la nature est mise en demeure de livrer une énergie qui puisse comme telle être extraite et accumulée » (*La Question de la technique*, [*Heidegger* 1962, p. 20]).

Alors qu'un moulin à vent se met à l'écoute de la nature du vent pour s'y conformer, sans vouloir l'accumuler, la techni-que moderne considère la nature comme un réservoir informe qu'il faut transformer pour accumuler l'énergie résultante.

Autrement dit, pour Heidegger, la technique est un *arraison-nement* (*Gestell*) de la Nature qui est sommée de fournir un comportement requis. Selon cette analyse, la Nature est un fonds (*Bestand*), une ressource dans laquelle on peut puiser sans limite pour construire les étants planifiés. On fait donc violence à la nature pour la forcer à se comporter en fonction de nos désirs. La modélisation mathématique de la nature permet, par son exactitude, de plier la Nature à « notre » volonté. Heidegger donne l'exemple de la centrale hydroélectrique sur le Rhin : la centrale somme le fleuve de livrer sa pression hydraulique, qui somme à son tour les turbines de tourner. L'antique Rhin, dans son environnement naturel et historique, n'est lui-même qu'un prétexte convoqué et arraisonné par les industries de vacances :

> « La centrale électrique est mise en place dans le Rhin. Elle le somme de livrer sa pression hydraulique, qui somme à son tour les turbines de tourner. Ce mouvement fait tourner la machine dont le mécanisme produit le courant électrique, pour lequel la centrale régionale et son réseau sont commis aux fins de transmission. Dans le domaine de ces conséquences s'enchaînant l'une l'autre à partir de la mise en place de l'énergie électrique, le fleuve du Rhin apparaît, lui aussi, comme quelque chose de commis. La centrale n'est pas construite dans le courant du Rhin comme le vieux pont de bois qui depuis des siècles unit une rive à l'autre. C'est bien plutôt le fleuve qui est muré dans la centrale. Ce qu'il est aujourd'hui comme fleuve, à savoir fournisseur de pression hydraulique, il l'est de par l'essence de la centrale. Afin de voir et de mesurer, ne fût-ce que de loin, l'élément monstrueux qui domine ici, arrêtons-nous un instant sur l'opposition qui apparaît entre les deux intitulés : "le Rhin", muré dans l'usine d'*énergie*, et "le Rhin", titre de cette œuvre d'*art* qu'est un hymne d'Hölderlin. Mais le Rhin, répondra-t-on, demeure de toute façon le fleuve du paysage. Soit, mais comment le demeure-t-il ? Pas autrement que comme un objet pour

lequel on passe commande, l'objet d'une visite organisée par une agence de voyages, laquelle a constitué là-bas une industrie de vacances » [*Heidegger* 1958, p. 22].

La technique procède d'une attitude particulière vis-à-vis de l'Être, qualifiée par Heidegger et ses épigones de *métaphysique de la présence*. L'Être est délaissé au profit de l'étant : une présence stable, disponible, maîtrisable. Alors que l'Être est l'arrière-plan dont provient l'étant, arrière-plan qui disparaît dès que l'étant paraît. La forme perçue annule le fond ou arrière plan, alors que seul l'arrière-plan permet à la forme perçue d'être vue : « l'Être se retire en ce qu'il déclôt l'étant. »

Deux conséquences découlent de l'arraisonnement de la nature : l'autonomie de la technique, d'une part, l'étant considéré exclusivement comme ressource, d'autre part. En effet, l'arraisonnement de la nature ne provient pas d'une attitude particulière de l'homme (du *Dasein* plutôt), si bien qu'il pourrait librement, volontairement, changer d'attitude ; la technique comme arraisonnement est une dimension de l'Être qui s'impose à l'homme : il n'y a pas de domination humaine de la technique ; même si on peut maîtriser les machines, l'essence de la technique ne ressortit pas à notre volonté, elle n'est rien d'humain : « L'homme n'a pas la technique en main, il en est le jouet » [*Heidegger* 1976, p. 305]. Elle n'est que l'aboutissement, la forme achevée de l'attitude métaphysique, rivée sur l'étantité ; à ce titre elle est une possibilité de l'Être, non de l'étant particulier qu'est le *Dasein*. Elle s'impose à lui plus qu'il ne s'impose à elle.

Du coup, l'étant n'est plus un objet ou un sujet ; l'opposition sujet/objet s'efface pour laisser un statut de ressource exploitable à tout étant, qu'il soit sujet comme le *Dasein* ou objet comme les étants que le *Dasein* considère. Ressource

pour la production et la consommation, l'étant n'est plus fin
mais seulement un moyen pour la production : la technique
« nie toute fin en soi et ne tolère aucune fin si ce n'est comme
moyen » [*Heidegger* 1958, p. 103].

L'homme en particulier devient une ressource, un moyen
et n'est plus une fin : étant particulier pour lequel il en va de
son être, le *Dasein* n'est plus qu'une ressource remplaçable
comme une autre : « Être, c'est être remplaçable » [*Heidegger* 1976, p. 304] :

> « Or, plus la technique moderne se déploie, plus l'objectivité
> (*Gegenständlichkeit*) se transforme en *Beständlichkeit*, (se tenir à
> disposition). Aujourd'hui déjà, il n'y a plus d'*objets*, plus de
> *Gegenstände* (l'étant en tant qu'il se tient debout face à un sujet
> qui le prend en vue) – il n'y a plus que des *Bestände* (l'étant qui
> se tient prêt à être consommé) ; en français, on pourrait peut-
> être dire : il n'y a même plus de *substances*, mais seulement des
> *subsistances*, au sens de "réserves". D'où les politiques de l'éner-
> gie et d'aménagement du territoire, qui n'ont effectivement plus
> affaire à des objets, mais, à l'intérieur d'une planification géné-
> rale, mettent en ordre systématiquement l'espace en vue de l'ex-
> ploitation future. Tout (l'étant en sa totalité) prend place
> d'emblée dans l'horizon de l'utilité, du commandement, ou
> mieux encore du *commanditement* de ce dont il faut s'emparer.
> La forêt cesse d'être un objet (ce qu'elle était pour l'homme
> scientifique du XVIIIᵉ-XIXᵉ siècle), et devient, pour l'homme enfin
> démasqué comme technicien, c'est-à-dire l'homme qui vise
> l'étant *a priori* dans l'horizon de l'utilisation, "espace vert". Plus
> rien ne peut apparaître dans la neutralité objective d'un face à
> face. Il n'y a plus rien que des *Bestände*, des stocks, des réserves,
> des fonds » (*Questions IV* [*Heidegger* 1976, p. 303]).

La technique selon Heidegger possède une dimension
ontologique, qui dépasse toute dimension anthropologique :

la technique n'est pas humaine ; elle est autonome et elle échappe donc à sa volonté. Bien plus, la technique installe en quelque sorte une fuite en avant dans laquelle l'homme est emporté : la technique comme moyen de réaliser des fins devient un moyen de construire de nouveaux outils et moyens, dans une fuite en avant où aucune fin ultime apparaît. La technique est donc un processus sans fin (au sens de terminaison) et dont la seule finalité est elle-même (volonté de la volonté).

Heidegger est certainement le critique le plus fin et le plus éclairé de la technique moderne dans la mesure où il a, le premier, dégagé les conséquences de la cohérence interne des dispositifs et la logique qu'elle implique. La limite de sa critique porte, à notre sens, sur la réduction de la technique à la cohérence interne et donc sur la non-prise en compte de ses autres dimensions, qui peuvent apporter les instruments d'une émancipation hors de la nature et de ses contraintes, pour l'édification d'un monde du sens et de la liberté.

Arraisonnement du devenir

Alors que pour Heidegger, la technique doit être comprise comme un arraisonnement de la nature, la technique est aussi un *arraisonnement* du devenir. Ce n'est pas tant la Nature que nous forçons à produire que le futur que nous contraignons à être conforme à notre volonté et à nos besoins.

L'arraisonnement du devenir en à-venir se fait par le calcul. Déjà Heidegger avait remarqué que le calcul est la modalité sous laquelle la Nature est arraisonnée : c'est la mesure et l'expression quantitative qui permet d'appréhender les objets comme des ressources : dans l'arraisonnement, « l'étant est *posé* comme fondamentalement et exclusivement *disponible* – disponible pour la consommation dans le calcul global » [*Heidegger* 1976, p. 304]. Le calcul, c'est ce qui permet d'obtenir le résultat à-venir de manière certaine à partir du présent : le calcul, par sa caractérisation algorithmique, produit le résultat de manière nécessaire. La technique serait donc l'instance qui, par le calcul, rend le possible nécessaire : en analysant les conditions du réel, en appuyant son calcul de l'à-venir sur les lois du nécessaire, ce qui est désiré devient le résultat certain d'un processus.

Il y a une forte proximité entre la notion de dispositif et celle de calcul. En effet, nous avons montré [*Bachimont* 1996] comment l'algorithmique pouvait être considérée comme une *géométrie temporelle* : science des rapports entre positions ou points disposés dans le temps. Autrement dit, l'algorithmique aborde le temps comme un espace comme un autre, mais sans aucune matérialité particulière, et elle détermine comment une étape peut être obtenue à partir des précédentes. Or, nous avons défini un dispositif comme une configuration spatiale permettant de reproduire un déroulement temporel. Cela implique que, par essence, un dispositif est un calcul, la détermination géométrique de positions temporelles.

L'histoire des techniques confirme cette assimilation entre dispositif et calcul : les systèmes techniques se modélisent désormais non seulement comme des transformations de matière et d'énergie, mais aussi surtout comme des systèmes de traitement de l'information. Toute technique est par essence un dispositif, c'est-à-dire un calcul. C'est pourquoi il ne faut pas s'étonner que les technologies de l'information

s'introduisent dans tous les types de systèmes techniques :
dégager la reproductibilité d'un procédé, c'est déterminer le
traitement d'information associé.

Arraisonnement d'autrui

Finalement, l'arraisonnement d'autrui. Cette modalité est
sans doute la plus dramatique dans la logique de l'arraisonnement dans la mesure où Autrui est la condition même du
sens, la condition de possibilité pour sortir de l'immanence
et constituer un horizon autour de cette transcendance. Autrui
est un point de fuite qui part de notre immanence rompue
pour ouvrir à un horizon, un au-delà. À travers l'arraisonnement d'autrui, il ne s'agit plus d'exhiber le sens de la technique, d'en comprendre la logique interne, mais de saisir qu'il
s'agit désormais d'une abolition du sens, de son éradication.
À travers l'arraisonnement d'autrui, le monde technique
montre qu'il n'est pour personne, ni pour l'autre qu'il ne
considère que comme un exécutant, une ressource pour le
dispositif, ni pour soi, car « je » devient par le même processus l'instrument du dispositif. Dans cette perspective, la possibilité de penser autrement, de se déprendre du monde
immanent pour se reprendre est désormais impossible : on
reste constamment en prise mais sans prise (le dispositif nous
conditionne sans que nous puissions en retour le contrôler)
sur le dispositif qui nous arraisonne comme il arraisonne les
autres.

Mais si l'arraisonnement d'autrui est une conséquence
dramatique de la technique, il n'en est pas une dramatisa-
tion fortuite ou improbable, il est en une modalité intrinsèque et standard. Cette modalité de l'arraisonnement se

constate très facilement de nos jours dans le contexte de l'industrialisation de la production, de la consommation et finalement de la culture. Comme l'ont dénoncé avec vigueur l'École de Francfort et plus récemment Bernard Stiegler [*Stiegler* 2004], l'industrialisation contemporaine programme nos pensées et nos désirs pour les instrumenter au service d'un système qui, ne répondant plus à aucune finalité externe autre que sa propre efficacité, élimine radicalement tous les attributs et capacités des individus qui pourraient leur permettre de devenir autre chose que des consommateurs.

Mais encore une fois, cet arraisonnement d'autrui, pour dramatique et logique qu'il soit par rapport à la nature de la technique n'est pas une fatalité car la technique ne se réduit pas à cette seule dimension. Si on peut accorder qu'il se produit effectivement une industrialisation de la culture, il n'en demeure pas moins qu'il y a toujours un braconnage des pratiques qui court-circuitent les logiques de la production et les dispositifs de la culture pour élaborer des usages improbables et dégager des significations inédites. L'arraisonnement d'autrui bute sur l'invention du quotidien cher à Michel de Certeau [*Certeau* 1980], qui est là pour nous rappeler que la technique ne se réduit à sa cohérence interne.

Le dispositif créateur : l'émancipation

La technique n'est pas seulement cet arraisonnement de la nature, de l'avenir et d'autrui car la technique ne se résume pas à la cohérence interne. La cohérence concrète de la technique renvoie au fait que la matière structurée par la technique est toujours une source de création et d'invention, la technique nous permettant de construire des dispositifs dont le sens ne nous vient qu'ensuite, dans l'après-coup. Autrement dit, le faire technique, en précédant le penser théorique, élargit les dimensions du réel qui nous est donné à penser et à comprendre. En nous appuyant sur les Idées esthétiques de Kant, nous proposerons la notion d'*Idées techniques* pour penser cet élargissement du pensable par la technique.

Mais la cohérence externe est également une source d'échappement à l'arraisonnement de la cohérence interne. En plongeant le dispositif dans la discussion de son usage et dans la dialectique de son sens possible dans l'environnement de la culture et de la société, la technique pose un problème qui ne se traite pas par la démonstration scientifique mais par la délibération rhétorique. Car les sciences de la culture qui permettraient d'aborder la cohérence externe n'adoptent pas le paradigme de la démonstration répétable et nécessaire, mais celui de la caractérisation interprétative et de l'argumentation rationnelle. Cette ouverture de la cohérence externe se traduit par une émancipation vers un avenir encore indéterminé et un autrui encore à rencontrer. Pour cela, nous reviendrons à Aristote, dont le concept de sagacité et sa caractérisation de la rhétorique nous permettront de comprendre en quoi le dispositif ouvre un avenir que seule la sagacité peut discuter et aborder. Rapporter la technique au jugement sagace et à l'argumentation rhétorique revient finalement à l'inscrire dans l'universalité humaine et à la mobiliser comme lieu privilégié du collectif humain. Puisque rien d'humain ne m'est véritablement étranger, la technique comme faire humain me renvoie aux autres qui me parlent à travers elle.

Émancipation de la nature :
de la cohérence concrète au schématisme
sans concept

Revenons donc à Kant pour comprendre comment la technique nous bouscule dans notre manière de penser et dans notre rapport au savoir. Ce retour peut paraître paradoxal, et Kant n'est pas le penseur le mieux placé pour aborder la question de la technique. On sait en effet que, pour Kant, la technique n'est là que pour réaliser ce qui est légalement possible et compatible avec les lois de la nature.

Les lois de la nature se construisent à partir de plusieurs principes fondamentaux : les principes de la raison, les concepts purs de l'entendement, et les formes de la sensibilité. L'entendement nous donne des concepts, formes sous lesquelles nous pensons quelque chose, la sensibilité nous donne des sensations à travers les formes de l'espace et du temps, contenus spatio-temporels que nous pensons à l'aide de nos concepts. Le problème est de savoir comment à l'aide de nos concepts, nous pensons réellement quelque chose, une réalité effective, au lieu de nous laisser bercer par nos argumentations et enchaînements conceptuels et discursifs. Quand le concept est mobilisé sur un contenu donné dans l'expérience, non seulement nous pensons quelque chose, mais nous le connaissons : nous articulons notre pensée à une expérience effective dans le monde.

Or, l'union de la pensée et de la sensibilité se fait en quelque sorte une fois pour toutes, dans la notion de *nature formelle*, qui détermine la forme des lois et des principes de la nature telle que nous pouvons la connaître, étant donné notre mode de penser d'une part et notre type sensibilité d'autre part. Comme le dit Kant çà et là, la pensée, pour avoir un contenu effectif, doit être restreinte au domaine de l'expérience possible, telle qu'elle est donnée par notre sensibilité, sous peine de divaguer et de se payer de mots. Autrement dit, la technique ne peut avoir de réalité que dans le fait de réaliser ce qui est compatible avec la nature formelle et ce qui est prédéfini par elle.

Kant renonce à l'étonnement de l'Être pour éviter les divagations de l'esprit. Pourtant, il nous semble qu'il faut ici critiquer la perspective kantienne, ce qui nous permettra de montrer en quoi la technologie étend le domaine de l'expérience, innove dans le possible, allant au-delà d'un nécessaire fixé *a priori*.

Le rapport entre le concept et la sensibilité est assuré par une notion assez énigmatique chez Kant, le schématisme. En effet, le problème n'est pas simple : la raison mobilise des concepts à travers lesquels elle pense, concepts par définition généraux et abstraits. La sensibilité procure des sensations, singulières et concrètes. Quel rapport peut-il exister entre un concept que l'on pense et un contenu que l'on perçoit, une sensation que l'on sent ? La logique parle de *subsomption* pour dire que la sensation, singulière, tombe dans le cadre général défini par le concept, ou bien encore, dans un registre plus moderne, qu'elle l'instancie. Mais nommer le problème n'est pas le résoudre : comment la subsomption est-elle possible ?

Kant a fort bien vu ce problème, qui est celui de la « présentation des concepts », c'est-à-dire de la présentation d'un objet correspondant à un concept. La présentation, de manière générale, est du ressort d'une instance intermédiaire entre pensée et sensation, l'imagination. Comme la pensée, l'imagination est active et spontanée. Comme la sensation, elle délivre des sensations singulières et concrètes. L'imagination, faculté des images, est donc en mesure de fournir spontanément des images sensibles qui correspondent aux concepts pensés par l'entendement. Puisque les images sensibles suscitées par l'imagination sont *sensibles*, elles sont homogènes ou commensurables aux données de la perception. Ces images nous donnent par conséquent un moyen d'articuler conception et sensation. Notre expérience quotidienne nous en donne de nombreux exemples, par exemple quand on imagine les personnages (leur taille, leur figure, etc.) du roman que l'on lit : notre imagination nous figure de manière sensible les concepts donnés verbalement par un texte (même si la structure linguistique, euphonique, graphique du texte fournit des repères matériels et sensibles pour cette production imaginative).

Ce rôle de l'imagination, Kant le pense à travers la notion de schème ; notion qui est du ressort de l'imagination. Le schème est associé à un concept et il a pour mission de montrer à la sensation à quoi peut bien ressembler, pour une expérience sensible humaine, située dans un cadre d'espace et de temps, un objet correspondant au concept que l'on pense. Cependant, le schème ne sera pas de même nature selon le type de concept évoqué.

Le concept empirique sera, en ce qui le concerne, présenté par un « exemple ». On comprend bien pourquoi : un concept empirique a pour fonction de penser les données de l'expérience empirique concrète ; par conséquent, si le concept est empirique, c'est qu'il lui correspond un objet de l'expérience ; il suffit alors de le montrer, c'est-à-dire de donner un exemple.

Plus difficile est le cas du concept pur de la raison : il sera présenté par un « schème pur de l'entendement ». En effet, le concept pur, c'est le cadre dans lequel on pense la nature ; il possède donc un niveau de généralité et d'abstraction tel qu'on ne peut rencontrer directement d'objet empirique lui correspondant ; il faut donc une médiation, qui traduit dans la sensibilité ce qui est pensé dans le concept. Par exemple, le concept de causalité me permet de penser la nature : mais je ne rencontrerai jamais la causalité comme telle, dans la rue ou chez moi. En revanche, je vais rencontrer des événements qui auront une manière de se succéder telle que j'aurais envie de la qualifier par le concept de causalité. Cette manière de se succéder, c'est le schème de la causalité : la succession irréversible dans le temps. Le schème de la succession irréversible traduit dans le temps, qui est la forme sous laquelle je *sens* le monde, le concept de causalité qui est la forme sous laquelle je *pense* le monde.

Ensuite, l'idée théorique sera présentée par un « symbole ». L'idée théorique est un concept limite de la raison pour lequel il n'existe aucune présentation empirique correspondante ; par exemple, c'est le concept de Dieu comme cause première du monde. Néanmoins, bien que l'idée ne soit pas « présentable », des objets de l'expérience font penser à ces idées théoriques : ils en sont les symboles.

Enfin, l'idée de la raison pratique (la morale) sera présentée par un « type ». L'idée de la raison pratique est un concept moralement nécessaire : il ne permet pas de penser à travers lui une connaissance supplémentaire du monde, mais il me permet de déterminer mon action et de régler mon comportement. Par conséquent, le concept pratique ne peut être présenté par un objet empirique, car mon action ne doit pas se régler sur ce qui est, mais sur ce qu'il faut faire : la présentation du concept n'est donc pas un fait, mais une loi. Mais quelle loi ? Quelle loi puis-je rencontrer concrètement comme présentation de l'idée pratique ? Ce sont les lois de la nature, dont la forme (et non le contenu) me fait penser à l'idée morale. Une loi qui remplit cette condition est un *type* de la loi morale

Ce que Kant a ici en vue est somme toute assez simple : comment puis je faire pour m'y retrouver dans le choix d'une action à entreprendre qui soit conforme à la morale ? Réponse : je considère l'action que j'ai en vue comme si c'était une loi de la nature, c'est-à-dire universelle et nécessaire. Ainsi, je me permets de mentir : est-ce moral ? Réponse : si tout le monde ment, le mensonge disparaît, car il n'y a plus de vérité. C'est contradictoire. On ne peut donc penser une nature qui dans sa forme suive la loi de mon action : cette loi ne peut constituer un *type* de monde possible. Par conséquent, mon concept moral est ici irreprésentable, donc vide.

« Si la maxime de l'action n'est pas constituée de façon à soutenir l'épreuve consistant à revêtir la forme d'une loi de la nature en général, elle est moralement impossible » (*Critique de la raison pratique*, AK, V, 70 [*Kant* 1986, p. 103]).

Je n'ai donc pas le droit de mentir !

Ces rappels sur la théorie du schématisme, pur joyau de la philosophie kantienne, nous permettent de mieux situer le problème lié à la technique. En effet, que se passe-t-il quand un objet empirique est construit et qu'il étend le domaine du pensable ? Comment rendre compte des sensations qui me font penser autrement ? Non pas autre chose, mais autrement ? Ou bien encore, est-il possible que la nature se présente de manière telle qu'il me faille revoir ma manière de penser et les lois de l'entendement ? Mais alors, si les lois sont revues, c'est que ce que j'entendais par nécessaire, possible, etc., est bouleversé. Par conséquent, dans une telle perspective, la nature me donne une existence à penser qui me fait penser autrement.

Eh bien, c'est précisément cela que fait la technique : elle bouleverse la notion même de nature, la fait aller au-delà du cadre préalable du pensable et me force à penser autrement. En effet, la technique est un schématisme externalisé qui construit des objets pour lesquels on ne dispose pas forcément de concepts, qui devront donc être néanmoins élaborés pour penser ces objets. Le propre de la technique, le travers des ingénieurs pourrait-on dire, est de construire des machines pour réfléchir, seulement après, à ce à quoi elles pourraient bien servir. En effet, la technique est affaire de dispositifs, avons-nous dit. Cela signifie que la technique possède une logique propre, autonome, correspondant à la cohérence fonctionnelle des dispositifs, qui possèdent leur propre mode de fonctionnement. L'ingénieur s'approprie cette logique pour réaliser des systèmes dont le statut devient tout autre dès lors que l'on quitte le point de vue de sa cohérence interne et que l'on prend en compte le contexte, qu'il soit technique, social, etc. On s'aperçoit alors que l'on a construit quelque chose que l'on n'a pas pensé, que l'on a devant soi le schème d'un concept encore à trouver. La technique propose donc ce que nous appelons des « Idées techniques », au sens où Kant parle d'Idée esthétique :

> « Une *Idée esthétique* ne peut devenir connaissance parce qu'elle est une *intuition* (de l'imagination) pour laquelle on ne peut jamais trouver un concept qui lui soit adéquat. [...] De même que l'*imagination* n'atteint jamais avec ses intuitions le concept

donné dans une Idée de la raison, de même l'*entendement*, à l'occasion d'une Idée esthétique, n'atteint jamais par ses concepts toute l'intuition interne de l'imagination, que celle-ci relie à une représentation donnée. Or, étant donné que ramener une représentation de l'imagination à des concepts équivaut à l'*exposer*, l'Idée esthétique peut être désignée comme une représentation *inexponible* de l'imagination [dans son libre jeu] » (*Critique de la faculté de juger* 1791, AKV 342 [*Kant* 1995, p. 330]).

Comme les Idées esthétiques, l'Idée technique est une intuition pour laquelle nul concept n'est adéquat. Mais, contrairement à l'Idée esthétique, l'objet technique est *construit* et non pas *donné* : alors que l'Idée esthétique reste impensable sinon par analogie ou symbole, l'Idée technique engendre un concept qui donne lieu à des jugements déterminants (où la loi générale donne le cas particulier) car ils correspondent à des objets que l'on sait construire. Autrement dit, les Idées techniques engendrent des jugements réfléchissants (à partir d'un cas particulier, on suppose une loi générale pour l'expliquer) qui deviennent des jugements déterminants car ils s'appliquent à des objets que l'on sait construire et reproduire. La technique modifie la pensée car elle innove à travers des objets que l'on sait reproduire et nous force à construire le concept associé. Ces concepts, contrairement aux Idées de la raison théorique ou pratique, renvoient à des connaissances supplémentaires, et étendent le champ de la connaissance. Il ne s'agit pas d'une extension de la connaissance hors du champ de la nature, mais d'une extension de la connaissance à la nouvelle nature construite par la technique, à la nature modifiée par la technique.

L'idée technique correspond à ce qu'apporte la cohérence concrète des dispositifs techniques. En jouant sur les contraintes, en recherchant le compromis entre différentes logiques techniques rassemblées par l'hétérogénéité du dispositif dans sa réalisation concrète, on improvise des ajustements concrets dont le concept et la théorie restent à penser et à construire. On sait faire et reproduire des choses que l'on ne sait pas expliquer, au moins dans un premier temps.

La technique prend donc une figure inédite : arraisonnement de la nature, elle reconfigure en fait ses conditions de possibilités. La technique ne fait que déplacer les questions qu'elle est censée résoudre, car elle modifie sans cesse les termes qui permettent de la poser. D'où le caractère fondamentalement angoissant de la technique : s'il est certain que la technique nous emmène quelque part, il est impossible de savoir où. C'est pourquoi la technique ne peut conduire qu'à davantage de technique : créant une angoisse par la modification qu'elle apporte aux conditions du devenir, elle se présente également comme le seul remède possible, car il devient encore plus crucial d'arraisonner cette nature qui n'en finit pas d'échapper.

Émancipation du devenir : de la cohérence externe à la sagacité

Les dispositifs ont aussi une cohérence externe par laquelle ils s'inscrivent dans une réalité sémiotique, sociale et culturelle. De ce fait, ils deviennent un enjeu pour une interprétation et une négociation dans la mesure où les dispositifs prennent des valeurs qui conditionnent leur interprétation et leur utilisation. Or, la posture intellectuelle que la cohérence externe appelle n'est plus la rationalité scientifique démonstrative, mais la rationalité permettant de penser la contingence et l'expérience acquise et de rendre intelligible ce que la démonstration scientifique ne sait pas penser. Cette posture est la sagacité.

La sagacité, chez Aristote, fait partie des vertus intellectuelles et cette notion n'est pas introduite pour penser la technique, mais pour définir les différentes formes du savoir. Car, en effet, chez Aristote, la science et la technique sont des domaines disjoints qui d'une certaine manière s'excluent. La science aristotélicienne recherche les principes et les causes premières des choses : elle explique pourquoi les choses sont ainsi et pourquoi elles ne peuvent être autrement. La science porte sur le nécessaire. La technique, quant à elle, porte sur les choses qui pourraient être autrement qu'elles ne le sont : la technique porte sur le contingent. Ces deux domaines, le nécessaire et le contingent, s'excluent ontologiquement.

Mais ils s'excluent aussi épistémologiquement, ne relevant pas des mêmes facultés de connaissance. Dans l'*Éthique à Nicomaque*, au livre VI, Aristote détaille les vertus intellectuelles pour distinguer cinq formes d'activités cognitives :

> « Admettons qu'il y a cinq formes d'activité, par lesquelles l'âme exprime la vérité, soit par affirmation, soit par négation. Ce sont : l'art, la science, la prudence, la sagesse, l'intelligence, car il nous arrive de nous tromper, en suivant nos conjectures ou l'opinion » (*Éthique à Nicomaque*, [*Aristote* 1965] livre VI, chap. III).

Chacune de ces facultés a son objet propre :
– la science connaît le nécessaire et ce qui n'est pas soumis au devenir ou au changement ; elle porte également sur ce qui possède en soi ses principes du changement : ce qui évolue par une nécessité propre (les êtres vivants) et non selon une volonté extérieure (les objets techniques artisanaux par exemple) ;

– l'art (la technique) porte sur les objets qui n'ont pas en eux-mêmes leurs principes de changement, c'est-à-dire dont le principe de changement est l'esprit de l'opérateur ;

– la prudence ou sagacité (*phronésis*) porte sur la délibération des actions à entreprendre, c'est-à-dire sur ce qui est bien ou mal pour l'homme ;

– la sagesse porte sur la vertu et la délibération sur ce qui est bon ou mal dans l'absolu ;

– l'intelligence porte sur l'intellection des principes premiers.

Pour organiser ces différentes facultés, on peut à l'instar de Pierre Aubenque [*Aubenque* 63] appliquer la méthode de division platonicienne à l'activité humaine. L'activité humaine se divise en effet entre *faire* et *savoir* ; le savoir porte sur les choses qui ont leurs causes en elles-mêmes, le faire sur les choses qui ont leur cause en nous. Le faire se divise en *poiesis*, la technique qui crée des objets, et en *praxis*, la pratique domaine de la morale. La *praxis* peut encore se diviser selon qu'on agit d'après une intention ou d'après une règle. Dans le premier cas, c'est le domaine de la vertu, dans le second, le domaine de la sagesse ou de la sagacité (*phronésis*). La sagesse se distingue de la sagacité dans la mesure où elle étudie les règles permettant d'adopter des actions bonnes dans l'absolu, alors que la sagacité se concentre sur les règles portant sur les règles bonnes pour l'individu et le collectif humain ici-bas. La sagacité est donc la faculté de savoir ce qu'il faut décider dans le monde concret humain. C'est la vertu la plus humaine et la plus pertinente pour les choix de la cité.

La division aristotélicienne des activités humaines

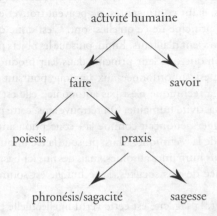

L'action (la *praxis*) et la production (la *poiesis* ou « techni-que », et encore « art ») se distinguent de la connaissance dont la figure ultime est la connaissance méditative et con-templative. Action et production correspondent à l'engage-ment de l'intelligence dans une opération pouvant modifier le monde. Action et production ne sont pas indépendantes l'une de l'autre : la production doit subordonner son opéra-tion aux fins dégagées par l'action. La technique a pour fina-lité les objets qu'elle produit, tandis que la sagesse et la sagacité ont pour critère non un objet produit mais l'acte lui-même.

La technique a alors plusieurs caractéristiques essentiel-les. Premièrement, la technique porte sur le contingent (ce qui aurait pu être autrement) et sur le mouvement (ce qui peut être autrement, du fait de sa capacité de changement, puisque le mouvement est une espèce du changement). Ensuite, la technique porte sur les choses qui n'ont pas pour principe elles-mêmes mais l'être qui les a produites ; en effet, ces choses, étant contingentes, ne peuvent trouver en elles-mêmes le principe de ce qu'elles sont. C'est donc que leur explication vient d'ailleurs. Enfin, puisque les objets produits de la technique ont leur principe dans leur producteur, la technique est subordonnée aux fins que poursuit le producteur. La technique n'est pas autonome : elle est pleinement une activité humaine. On retrouve ainsi cette position qu'Heidegger dénonçait comme la « conception anthropologique » de la technique. Mais, puisque la technique relève non des fins humaines absolues, mais des fins ici-bas, dans la contingence de nos sociétés, la technique est soumise à la sagacité.

En effet, la sagacité est cette vertu intellectuelle qui permet de décider des actions humaines en fonction du contexte pratique, et non dans leur idéalité théorique : non pas décider de ce qui est le bien dans l'absolu, mais le bien pour l'homme, ici et maintenant, dans la finitude et la contingence de sa vie terrestre, sublunaire plus précisément. En effet, l'originalité et sans doute la modernité d'Aristote est de ne pas subordonner la décision des choses terrestres à un ordre transcendant, supra-lunaire ou divin. Car la connaissance des choses et de leur principe, les renvoyant à la fin ultime rendant compte de ce qu'elles sont et de pourquoi elles sont ainsi et ne sont pas autrement, donnent un cadre métaphysique pour comprendre les raisons du monde en fonction de leur nécessité propre. Mais, dans notre vie terrestre, la nécessité ne gouverne pas tout : une contingence irréductible, portée chez Aristote par la matière, affecte tout ce qui existe ici-bas et ne nous permet pas de décider en nous appuyant seulement sur l'ordre nécessaire des choses. La démonstration (par nature idéale et scientifique) est forcément incomplète ou non praticable ; il faut juger de la situation et argumenter pour une position sans que l'on soit capable de démontrer son bien fondé. C'est donc l'expertise, l'expérience, la qualité propre de chacun, qui permettent de juger de manière pertinente.

Ainsi, du fait de la contingence, on ne peut trouver la nécessité inhérente aux choses permettant de statuer sur leur devenir et sur la décision qu'il faut prendre à leur égard. Donc, il faut distinguer et opposer, la sagesse qui, en cherchant le bien dans l'absolu, raisonne sur la nécessité des choses, et la sagacité qui délibère sur ce qui paraît le plus souhaitable dans l'ordre contingent des choses terrestres et humaines. Comme le souligne Pierre Aubenque, la sagacité aristotélicienne remplit l'espace vide laissé par un Dieu principe de l'univers mais absent, gouvernant l'ordre nécessaire des choses supra-lunaires, mais laissant la contingence sublunaire et humaine ouverte au changement et au choix. La sagesse et la science qu'elle sous-tend ne nous aident en rien pour nous orienter ici-bas. L'ordre humain n'est pas un ordre divin dégradé, n'en est pas une copie où pour se décider il suffirait de se reporter à l'original supra-terrestre ; il constitue un contexte qu'aucune transcendance ne vient organiser et ordonner, et les principes pour s'y orienter lui sont *immanents*. La sagacité, vertu pour l'orientation dans les choses d'ici-bas, ne repose pas sur la connaissance découlant de l'ordre nécessaire d'en haut, mais sur l'argumentation portant sur les choses d'en bas, que nulle nécessité ne réglemente de manière absolue du fait de leur contingence intrinsèque.

La sagacité est donc la posture intellectuelle nécessaire pour aborder les dispositifs dès lors que l'on quitte la rationalité démonstrative permettant de penser leur cohérence interne abstraite, et qu'on les considère dans leur réalité sociale et technique concrète. Reconnaître que la science idéale du laboratoire ne nous aide plus n'est pas céder aux sirènes du scepticisme et de l'irrationnel, mais c'est au contraire reconnaître qu'il faut mobiliser une rationalité plus pertinente et plus fondamentale pour aborder les difficultés comme elles se posent, dans leur contingence, et non pour les rapporter à une idéalité scientifique introuvable.

La sagacité permet de gérer l'imprévu, de se préparer à anticiper l'échec et l'échappement hors du système technique. La sagacité est dès lors la sagesse de l'expertise qui, fort de l'expérience des affaires concrètes, juge de ce qui arrive pour proposer des solutions, des inventions techniques ou culturelles. La sagacité ne décide donc pas de l'avenir, ne le programme pas, mais fait preuve de discernement pour s'y préparer et anticiper un avenir qu'elle ne nie pas mais construit.

Émancipation d'autrui : cohérence externe et rhétorique

La cohérence externe trouve dans la sagacité la démarche intellectuelle qui permet de répondre à ses enjeux. Elle s'exprime à travers une logique de la discussion qui se saisit des questions ouvertes par les dispositifs, questions qui ne se traitent pas par la démonstration, mais par la délibération. Notamment, Callon et ses collègues notent dans leur ouvrage :

Contrairement à ce que l'on aurait pu penser il y a encore quelques décennies, le développement des sciences et des techniques n'a pas apporté avec lui plus de certitudes. Au contraire, d'une manière qui peut paraître paradoxale, il a engendré toujours plus d'incertitudes et le sentiment que ce que l'on ignore est plus important que ce que l'on sait. Les controverses publiques qui en résultent accroissent la visibilité de ces incertitudes. Elles soulignent leur ampleur, leur caractère apparemment irréductibles et accréditent du même coup l'idée qu'elles sont difficiles, voir impossibles à maîtriser. C'est dans les domaines de l'environnement et de la santé, qui constituent sans aucun doute les deux terrains les plus fertiles pour les controverses socio-techniques, que ces incertitudes sont les plus criantes. (*Agir dans un monde incertain*, Michel Callon, Pierre Lascoumes, Yannick Barthes, Seuil, 2001 [*Callon et alii* 2001]).

La technique pose donc des difficultés qu'il faut traiter au niveau du faire et de l'agir humain en abordant les enjeux en permettant aux communautés concernées de participer aux débats et à la rationalisation des questions et des réponses possibles. Ce niveau est celui de la rhétorique, comme art de la délibération.

Cela peut paraître surprenant de faire appel ici à la rhétorique tant sa réputation est suspecte et son usage dévoyé. Et pourtant, nous sommes convaincus que la rhétorique est la forme de la pensée permettant à la communauté humaine de prendre conscience d'elle-même et d'instaurer l'espace dans lequel la communication devient possible et la discussion permise. La rhétorique est donc l'instance où l'universel humain est reconduit au travers des questions posées par la technique. On peut se reporter au très célèbre passage de Platon, où l'on voit Gorgias, dans le dialogue éponyme, expliquer qu'il est au moins aussi important de convaincre le patient de prendre sa médication que de savoir la prescrire :

SOCRATE : C'est même parce que je m'en émerveille, Gorgias, que depuis longtemps, je pose des questions sur ce que peut bien être la vertu de l'art oratoire ; car, à l'envisager de la sorte, il m'apparaît doué d'une vertu qui, pour la grandeur, est vraiment divine !

GORGIAS : Et si tu savais tout, Socrate ! Il t'apparaîtrait rassembler et tenir sous son autorité l'ensemble, pour ainsi dire, des vertus de tous les arts. C'est de quoi je vais te donner une preuve décisive : souvent en effet, j'ai déjà accompagné mon frère, ainsi que d'autres médecins, au chevet de quelque malade qui se refusait à boire une drogue ou à laisser le médecin lui tailler ou brûler la chair : celui-ci était impuissant à le persuader ; moi, sans avoir besoin d'autre art que de l'art oratoire, je le persuadais ! Voici venir, d'autre part, en telle cité que tu voudras, un homme qui sait parler, et un médecin ; suppose qu'un débat contradictoire s'engage dans l'Assemblée du peuple, ou dans quelque autre réunion, pour savoir qui l'on doit choisir pour médecin, le médecin n'y ferait pas longtemps figure, et celui qui, bien plutôt, serait choisi, s'il le voulait, ce serait celui qui est capable de bien parler ! Suppose encore que ce débat s'engage contre n'importe quel autre professionnel : l'homme habile à parler réussirait, mieux que n'importe qui d'autre, à faire porter le choix sur lui-même ; car sur quoi que ce soit, devant une foule, l'homme habile à parler le fera d'une façon plus persuasive que n'importe qui d'autre. Voilà donc quelle est, en étendue comme en qualité, la vertu de l'Art » (*Gorgias*, 456a-d, traduction Léon Robin, édition de la Pléiade).

Naturellement, l'objectif de Platon est de fustiger la rhétorique et l'éloquence comme de faux savoirs puisque, selon lui, l'enjeu est de fonder le débat et la recherche non pas sur l'art de parler mais sur la connaissance. Mais Gorgias n'a pas tort : certes, l'Assemblée se tromperait en choisissant le rhéteur plutôt que le médecin pour soigner, mais il est clair que le médecin doit se faire rhéteur pour convaincre, persuader et expliquer le bien fondé de sa prescription. Par conséquent, il faut allier la compréhension de la nature et de la maladie au partage de cette compréhension et au consensus qu'elle suscite. Mais ce n'est pas tout : derrière la force de conviction du rhéteur se cache en fait la possibilité de retrouver la dimension humaine de tout dispositif technique, non pas tant pour le gouverner par des fins humaines qui lui sont extérieures, faisant de la technique un simple moyen, mais pour comprendre son enjeu et la création des possibles qu'il suscite.

> « De fait, il n'est point interdit de découvrir, derrière le paradoxe complaisamment rapporté par Platon, l'indice d'une conception profonde et, en tout cas, défendable des rapports de l'homme et de l'art. Dire que le médecin doit se doubler d'un rhéteur, c'est simplement rappeler que les rapports du médecin et du malade sont des rapports humains, que le médecin est impuissant sans le consentement du malade, que l'on ne peut faire le bonheur des hommes contre leur gré et que, finalement, le savoir ne confère de supériorité véritable que dans la mesure où l'homme de science est *reconnu* comme supérieur. Gorgias ne peut avoir voulu dire que le rhéteur était plus compétent en médecine que le médecin lui-même, mais seulement que la compétence n'était pas pour lui l'essentiel, parce que la compétence enferme l'homme de l'art dans un rapport déterminé à l'être, alors que les rapports du médecin et du malade sont des rapports d'homme à homme, c'est-à-dire des rapports totaux. Ce que Gorgias a mis au-dessus de l'homme compétent, c'est l'homme quelconque, l'homme simplement humain, c'est-à-dire universellement humain » [*Aubenque* 1990].

Ce qui est remarquable dans le commentaire de Pierre Aubenque, c'est que, chez Platon, Gorgias est vilipendé pour avoir recouru à un art, une technique, qui masque la nature des choses et détourne les êtres de leur vérité. Or, nous dit Pierre Aubenque, à travers son art rhétorique, Gorgias va directement à l'essentiel et non aux essences, il s'adresse à l'universel humain sans passer par la médiation du savoir objectif et scientifique des choses. L'art technique porte *in fine* sur le fait humain et culturel, pour être pleinement technique, et pas seulement scientifique.

Conclusion

La technique est donc une affaire de dispositif, travaillée par trois logiques intrinsèques, ses trois cohérences, interne, concrète et externe. Ces cohérences relèvent de postures intellectuelles différentes mais complémentaires, qui sont nécessaires pour aborder le phénomène technique. La plupart des critiques ou des plaidoyers pour la technique souffrent de ne retenir qu'une seule de ses dimensions, si bien qu'ils pêchent plus par ce qu'ils omettent de la technique que par ce qu'ils en disent.

Ces cohérences renvoient à des figures de la technique, qui sont celles du chercheur, de l'ingénieur et du rhéteur, qui constituent autant de manières d'aborder la technique. Le chercheur doit pratiquer l'élaboration scientifique pour dégager les principes de la cohérence interne. À travers la recherche des lois de la nature, le chercheur vise l'universel et le nécessaire, répétable et le mesurable, il pratique la démonstration comme l'instrument de sa rigueur. Son dévoiement par la cohérence interne et sa logique de l'efficacité lui fait asservir ses objectifs de connaissance à l'utilité pratique et la performance technique. Au lieu du savant désintéressé qu'il peut être, il devient l'instrument de la technoscience.

Le rhéteur doit pratiquer l'argumentation et la persuasion. Son objectif n'est pas de contrôler un processus physique ou de construire un dispositif technique, mais de faire *partager* un point de vue et une argumentation pour décider d'une action *commune*. L'objectif est l'accord pour agir. Le rhéteur, s'il mue sa cohérence externe en cohérence interne, n'envisage plus la dimension humaine que comme un moyen pour la performance technique. Devenant l'instrument du marketing, le rhéteur réduit autrui à du temps de cerveau disponible, à une capacité à consommer, à une force de travail, bref une ressource humaine. Mais il peut se dépasser dans la dimension politique, le destin du collectif humain se jouant en prenant en compte l'innovation technique, qui ouvre des possibles et donne un passé.

Enfin, l'ingénieur travaille sur le monde concret ; il sort de la nécessité du monde idéal du chercheur pour se confronter à la contingence du réel ; il aborde la cohérence concrète qu'il surmonte par la modélisation et la prise en compte du complexe et de l'incertain. Il se dépasse dans la figure de l'artiste, quand la nature se fait inventive et donne à penser dans sa concrétude. Mais il peut aussi s'aliéner dans une pure gestion réduisant la nature non à ce qu'elle peut apporter mais la ressource qu'elle représente.

La technique est à la croisée des possibles qu'elle invente pour aussitôt les réduire. L'avenir de la technique n'est pas obligatoirement à l'opposé d'un accomplissement de l'homme et du sens. Derrière tout geste technique se tient le potentiel d'une connaissance désintéressée, d'une création esthétique, d'un avenir collectif. La technique ne se réduit pas à la vision qu'on nous en donne trop souvent, celle d'une technoscience gestionnaire instrumentant l'humain jusque dans ses désirs et ses pensées.

Ainsi, en reprenant notre tableau récapitulatif précédent et en le complétant grâce à nos dernières considérations, on peut résumer les tensions traversant la technique et ses projets :

Figure de l'émancipation	Intelligibilité : le savant	L'inouï : l'artiste	Le débat : le politique
Figure de l'arraisonnement	Maîtrise : la techno-science	Le contrôle : le technicien	La manipulation : le Marketing
Principe en jeu	Le nécessaire	Le possible	Le décidé
Objet	Savoir	Matière	Autrui
Posture	Nature et science	Devenir et sagacité	Dialogue et rhétorique
Paradigme épistémologique	Le scientifique : formalisation/ démonstration	L'ingénieur : modélisation/ simulation	Le rhéteur : caractérisation/ argumentation
Cohérence	Interne	Concrète	Externe

Connaissance et support : la question de l'écriture

En CONSIDÉRANT *la technique à travers la notion de dispositif, nous avons montré en quoi elle pouvait constituer mais aussi destituer le sens. Il existe des dispositifs où le lien au sens et à la connaissance se manifeste particulièrement : les dispositifs d'externalisation de la mémoire et de la pensée, que nous rassemblerons sous l'étendard de l'écriture. L'écriture est un dispositif permettant d'enregistrer et de fixer sur un support un contenu de manière à commander à travers sa lecture la délivrance d'un message et la constitution d'une interprétation.*

L'écriture, comme dispositif, se considère à travers les trois modalités constitutives de tout dispositif. Sa cohérence interne renvoie à la logique propre de l'écriture comme syntaxe et système de règles, où ce qui est déjà écrit commande la suite de ce qui peut être écrit (respect des règles de grammaire ou de syntaxe) d'une part, et commande l'interprétation qui peut en être faite d'autre part (ajustement de la sémantique sur la syntaxe). Cette cohérence interne a pour horizon les langages totalement formalisés où la syntaxe est parfaitement autonome, commandant sa propre écriture et son interprétation. Les langages formels de la logique et de la programmation illustrent cet horizon, ces langages pouvant reposer sur leur noyau axiomatique pour produire les énoncés possibles et sur les règles d'une sémantique formelle pour acquérir une interprétation.

La cohérence concrète renvoie à la mise en œuvre de l'écriture dans des systèmes effectifs de production, d'inscription et de lecture. Au-delà des propriétés formelles des langues et langages, l'écriture correspond à un ensemble de pratiques, sociales et culturelles, où lire et écrire résultent d'ajustements et trouvailles matérielles et concrètes allant de la manière de réaliser les supports de lecture et d'écriture aux pratiques liées à l'appropriation des contenus.

Finalement la cohérence externe renvoie au travail de l'interprétation des contenus, à son ouverture sur un sens toujours à construire et l'innovation herméneutique toujours possible.

L'écriture entretient une relation particulière à la connaissance. Alors que les dispositifs matérialisent une relation au sens, l'écriture permet en outre la constitution d'un système organisé d'interprétation dont la régularité et la systématicité lui confèrent le statut de connaissance. Or, l'écriture étant un système technique, les différentes modalités techniques de l'écriture renvoient à des systèmes particuliers de connaissance.

Ainsi, l'écriture, depuis ses origines jusqu'à nos jours, est essentiellement inscription sur un support spatial et statique et on peut caractériser la rationalité qu'elle constitue comme une raison graphique, une manière de penser façonnée par les connaissances constituées via l'écriture. Mais depuis quelque temps à présent, l'écriture se fait dynamique et calculatoire à travers le numérique. Faut-il y voir une modification de notre rationalité ? Y a-t-il lieu d'évoquer une raison computationnelle qui viendrait s'agréger à notre raison graphique ? C'est l'une des questions posées par notre technique contemporaine.

Mais de manière plus générale, c'est la question de la genèse de la connaissance à partir des systèmes d'écriture qui est posée. L'idée qui semble devoir s'imposer est que toutes nos connaissances possèdent une genèse technique via les systèmes d'écriture. La connaissance est donc liée aux supports d'inscription qui permet de les exprimer, et la matérialité et la technicité de ces supports conditionnent l'interprétation et la signification que l'on peut conférer à ces inscriptions et donc aux connaissances qu'elles expriment pour nous.

Il faut donc interroger ce couplage entre support et connaissance. Dans un premier temps, nous reviendrons sur une théorie du support pour laquelle toute connaissance dépend d'un support d'inscription qui en est la condition de possibilité. En affinant ainsi la notion de dispositif vue au chapitre précédent, on voit que nos manières de penser se co-constituent avec notre manière d'écrire et d'inscrire. Dans un second temps, nous nous intéresserons au support numérique. À la fois continuité et rupture, le support numérique n'est que l'aboutissement d'une logique déjà présente dans tout dispositif et tout système d'écriture. Mais en permettant une abstraction nouvelle en terme de calcul, d'information et de virtualisation, le numérique est en rupture avec ce qui le précède. À la fois clef de compréhension de ce qui le précède, et dépassement de ce que nous avons manipulé jusqu'alors, le numérique instaure un cadre où les principes mêmes de notre cognition sont amenés à se reconfigurer.

Les dispositifs sont des organisations spatiales permettant de programmer un déroulement temporel. Caractérisation essentielle de la technique, les dispositifs sont à la rencontre de trois tendances qui les animent et les soumettent à des tensions contradictoires. La cohérence interne correspond à la loi interne du dispositif permettant d'en assurer le fonctionnement nécessaire et répétable, donc prédictible. Optimisée sans cesse pour plus d'efficacité (performance) et d'efficience (économie des moyens), la cohérence interne ramène toute réalité à un moyen pour le dispositif. Du savant qui accroît la connaissance grâce au dispositif, à la technoscience qui réduit la connaissance au dispositif, la cohérence interne traduit les difficultés de la science contemporaine.

La cohérence concrète renvoie à la mise en œuvre effective d'un dispositif et aux ajustements et compromis pratiques qu'il aura fallu effectuer pour le réaliser. L'ingénieur peut se faire gestionnaire qui arraisonne les possibles ou artiste qui les invente, deux regards que l'on voit aujourd'hui se confronter souvent, se composer rarement. Enfin la cohérence externe correspond au dispositif plongé dans l'univers des valeurs, qu'elles soient économiques, juridiques, sémiotiques, sociales, finalement culturelles. Entre le marketing qui instrumente les valeurs et le politique qui veut les élaborer pour les partager, la cohérence externe peut se refermer sur la cohérence interne ou s'ouvrir à d'autres horizons. À chaque niveau, le dispositif se confronte à une extériorité (le savoir – le savant, la matière – l'artiste, l'autre – le politique) qui conditionne son usage mais qu'il ne détermine pas : il ouvre des possibles qui peuvent cependant se refermer sur sa pure cohérence interne et son fonctionnement aveugle.

Cette argumentation, développée dans le chapitre précédent, porte essentiellement sur une analyse de la nature et de la portée de la technique, et sur la question de savoir comment nous pouvons et devons nous comporter face à elle. Elle peut être prolongée en considérant non la technique face à nous, mais la technique en nous, avec nous, comme support pour nos actions et nos connaissances. La question est alors de déterminer ce que la technique et les dispositifs sont par rapport à notre manière de penser et nos connaissances.

Par son organisation, le dispositif prescrit un comportement. En permettant ainsi d'obtenir un effet désiré, il est de fait la matérialisation de la connaissance portant sur cet effet. Le dispositif est à la fois le support par sa matière et l'inscription par sa structure et son organisation, de cette connaissance : exécuter l'action prescrite par le dispositif revient à actualiser et appliquer la connaissance correspondante.

Le dispositif est un support sur lequel, dans lequel la connaissance est inscrite, et par lequel elle est appliquée. Alors qu'on avait jusque-là un lien ontologique entre le dispositif et le sens, le dispositif permettant de mettre en perspective ce qui était séparé et d'ouvrir ainsi de nouveaux possibles, se dégage à présent une relation d'ordre cognitif et épistémique entre le dispositif comme support et le sens comme connaissance. Le dispositif est un support de connaissance, un support de mémoire permettant de se rappeler des connaissances et de leur condition d'application.

Mais quelle dépendance réciproque peut-on établir entre support et connaissance à partir de ce constat ? Peut-on aborder la notion de connaissance indépendamment des supports et de leur technicité ? Les dispositifs ne sont-ils que des structures matérielles bien pratiques pour inscrire et mémoriser les connaissances, mais qui ne participeraient en rien à leur genèse ni à la détermination de leur signification et contenu ?

La thèse considérée ici est que toute connaissance repose sur une inscription matérielle avec laquelle elle est en relation *transductive* [*Simondon* 2005] : une relation est transductive quand elle constitue ses *relata* qui ne lui pré-existent donc pas. Dans cette perspective, connaissance et inscription technique se co-constituent dans la mesure où l'inscription est toujours inscription d'une connaissance, et la connaissance toujours connaissance exprimée par une inscription. La technique se saisit des connaissances *via* leur inscription et la mise en œuvre de ces inscriptions est la connaissance même dans sa dynamique. Mais on retrouve les tensions rappelées plus haut : si le support s'exécute dans le fonctionnement aveugle de la cohérence interne, la connaissance ne sera qu'une simple manipulation sans âme, sans signification, de composants techniques. Si en revanche, le support s'exécute dans le contexte d'une cohérence concrète et externe l'ouvrant sur d'autres horizons, la connaissance est une dynamique interprétative qui s'anime à partir des inscriptions matérielles pour les dépasser.

Inscription et constitution : une théorie du support

L'hypothèse considérée ici est que toute connaissance repose sur une inscription qui en est la condition de possibilité. La connaissance est alors l'interprétation de cette inscription, et se trouve ainsi conditionnée par la forme matérielle de cette inscription, ses propriétés physiques configurant le contenu et influençant le parcours interprétatif que l'on peut en faire. Si la connaissance ne se réduit pas à son inscription, une inscription n'étant pas une connaissance, mais seulement son inscription, une connaissance ne peut exister sans le support d'une inscription. Car la connaissance n'est pas un objet, une chose, mais seulement une dynamique, un processus interprétatif qui permet de se saisir d'une inscription pour aboutir à une action. Cette action peut souvent être une action de réécriture, comme lorsque la lecture que nous faisons d'un écrit nous amène à écrire un autre texte, son commentaire par exemple. Mais elle peut être une action pratique, comme le fait de monter un meuble après avoir lu un manuel d'instruction.

Cette articulation entre support et connaissance repose la question du lien entre technique et connaissance. On constate en effet que les inscriptions de connaissance, en tant que ce sont des objets matériels, peuvent être soumises à des traitements techniques. Autrement dit, quand les connaissances sont inscrites, qu'elles ont été exprimées et explicitées à travers une formulation leur donnant une manifestation physique et matérielle, elles peuvent faire l'objet d'une manipulation technique, d'une ingénierie. Si on considère, comme nous le faisons ici, que le support est constitutif pour la connaissance qui en dépend comme de sa genèse et donc que toute connaissance ne peut s'objectiver et se considérer qu'à travers son inscription matérielle, toute variation dans l'inscription matérielle sera la marque d'une variation dans la connaissance qui l'interprète. Dans cette optique, toute connaissance est d'essence technique dans la mesure où elle correspond à l'interprétation d'une inscription, et où l'inscription correspond à l'individuation de la connaissance.

Pour soutenir une telle thèse, il nous faudra élargir la notion d'inscription à tout ancrage matériel de la connaissance, que ce soit dans le corps biologique, le corps propre, l'environnement, les outils de transformation, d'inscription et d'organisation. Toutes ces inscriptions renvoient potentiellement à une technique qui leur serait propre et à une interprétation constitutive d'un ordre cognitif et épistémique spécifique. C'est donc ce couplage entre inscription et connaissance qui doit nous occuper à présent pour motiver et argumenter les articulations que nous venons d'évoquer.

La connaissance, son objet, ses outils

Une définition de la connaissance

Une première difficulté s'annonce dès l'abord de notre programme de travail : quelle caractérisation de la notion de « connaissance » allons-nous nous donner pour commencer la réflexion ? Ce problème est difficile car toute définition est un choix qui conditionne voire détermine l'argumentation qui s'ensuivra. Autrement dit, nous sommes condamnés au sophisme et à la pétition de principe, puisque nous partirons de ce que nous voulons démontrer.

Il n'y a pas vraiment de moyen de sortir de cette aporie, sinon de se donner une caractérisation suffisamment vague pour que le cours du raisonnement permette de revenir sur la définition initiale, et de la faire évoluer selon les nécessités du raisonnement. Ce dernier ne sera donc pas linéaire et déductif, mais circulaire et herméneutique, réduisant sans jamais l'annuler l'approximation du discours. Aussi retiendrons-nous pour la connaissance une caractérisation fort générale, neutre quant à sa nature, car fondée sur sa fonction. La caractérisation proposée est la suivante :

Une connaissance est la capacité d'exercer
une action pour atteindre un but.

Cette caractérisation appelle quelques commentaires. Fort classiquement, la connaissance se définit ici par rapport à une action réalisée pour atteindre un but. Mais la connaissance n'est pas seulement cette action, mais la capacité d'exercer ou de réaliser cette action. La notion de « capacité » implique que la connaissance est d'ordre idéal, et qu'elle ne coïncide avec aucune des actions réalisées. Par ailleurs, le fait que l'action ne soit pas accomplie n'implique pas qu'il n'y ait pas de connaissance. Enfin, l'articulation de la connaissance par rapport à un but implique une dimension intentionnelle : un résultat, état du monde, est visé.

La capacité de réaliser une action renvoie à la possibilité de *répéter* cette action. La connaissance n'est pas tant en effet de pouvoir exécuter une action, son exécution heureuse pouvant résulter de coïncidences remarquables et de hasards miraculeux, que de pouvoir reproduire l'action. Ce que tout bon pédagogue sait, la connaissance vient avec la répétition. Enfin, précisons qu'il faut entendre des actions et des buts forts variés : ce peut être l'action de démontrer un théorème, d'enfoncer un clou, d'écrire un mémoire, etc. Cette caractérisation est suffisamment vaste pour convenir, à la fois pour les actions du corps, de l'esprit, ou enfin de corps complexes comme la société.

L'objet de la connaissance

Toute connaissance est connaissance de quelque chose, d'un *objet*. Comment définir ce dernier ? Nous caractérisons l'objet d'une connaissance comment étant le corrélat d'une connaissance, ou autrement dit, comme le *corrélat d'une action possible*. Un objet n'existe que dans la mesure où il est possible d'agir sur lui. Cette action peut évidemment être théorique quand on agit sur lui en pensée. Caractériser les objets comme le corrélat d'action est particulièrement attesté en pratique dans les domaines possédant un arsenal technologique : la médecine, l'ingénierie, les mathématiques (avec ses outils de démonstration) ; un objet que l'on ne sait pas comment aborder avec les outils disponibles ne possède pas de consistance ontologique.

Par conséquent, un objet ne se définit pas par rapport à un ordre ontologique de référence préfixé, mais pour un horizon d'actions possibles. L'objectivité n'est pas une théorie sur l'être, mais la caractérisation des actions du point de vue de *ce sur quoi* on agit. Ainsi deux objets seront identiques s'ils sont corrélés aux mêmes actions d'une pratique donnée. Une pratique est en effet l'organisation, plus ou moins rationalisée, de différentes actions qui peuvent être entreprises pour réaliser des buts et atteindre des situations homogènes entre elles. L'homogénéité peut provenir de l'identité des acteurs, du contexte, etc. Cela implique que l'objectivité est toujours relative à une pratique, comprise comme un système d'actions possibles, intellectuelles ou concrètes.

La genèse technique de la Connaissance

La connaissance, comme capacité à accomplir une action pour atteindre un résultat visé, peut rencontrer dans l'environnement des éléments permettant de faciliter et piloter sa réalisation. Ces éléments, quand ils constituent une partie structurelle de l'environnement, sont ce que nous appelons la technique. La technique, à travers les dispositifs qui la constituent, conditionne et pilote par son fonctionnement l'exécution d'une connaissance, sa mise en œuvre. En reformulant les propositions du chapitre précédent, la technique peut se définir de la façon suivante :

Est technique tout ce qui, par sa structure matérielle, prescrit et commande la réalisation d'actions possibles.

On sait [*Gibson* 1979, *Hutchins* 1994] que l'environnement naturel et technique comprend des structures matérielles qui présentent des saillances pour notre système perceptif et sensorimoteur. Ces saillances suggèrent des actions au détriment d'autres. L'environnement prescrit ainsi des actions possibles, ce qui revient à dire, selon nos définitions, que l'environnement permet de mettre en œuvre des connaissances en réalisant les actions qui les définissent. Cependant, on ne peut dire que l'environnement contient au sens strict des connaissances, car ces structures matérielles ne déterminent pas de manière absolue l'exécution des actions associées, mais simplement en facilitent la réalisation : il est toujours possible de ne pas les exécuter ou d'en faire d'autres. Il ne s'agit donc pas de détermination, mais de sur-détermination, c'est-à-dire de conditionnement : la structure matérielle joue ainsi le rôle d'une condition de possibilité pour une action.

Si la structure matérielle de l'environnement n'est pas la connaissance, elle en est la marque, ou l'*inscription*, puisqu'elle permet à l'action de se réaliser de manière plus directe et systématique. Le pouvoir de répéter l'action, consubstantiel à la connaissance, est délégué à l'environnement, déchargeant la conscience humaine du savoir lié à l'action, puisqu'il suffit de suivre les prescriptions de l'environnement pour savoir quelles actions exécuter et comment.

La technique peut donc se définir comme l'*inscription matérielle des connaissances*. Inscription, parce que la structure de l'objet matériel qu'est l'inscription est isomorphe pour un certain point de vue à la connaissance associée. L'origine d'un tel isomorphisme est aisée à percevoir : il n'existe pas du fait d'une coïncidence miraculeuse entre notre cognition et notre environnement, mais tout simplement parce que nos connaissances se sont constituées en fonction des structures matérielles proposées par l'environnement. Les connaissances sont par conséquent induites par les structures matérielles qui peuvent en être l'inscription. Brutalement exposée ici, cette thèse est fondamentale : elle postule en effet que la connaissance n'est pas le fruit d'une spéculation mentale indépendante du monde matériel, mais procède directement de notre environnement en tant qu'il propose une structure technique, c'est-à-dire des prescriptions à agir et à répéter les mêmes actions.

La société et le déterminisme technique

Essentiellement deux attitudes permettent d'envisager le déterminisme de la technique à l'égard de la société :

– le *déterminisme technique* selon lequel la technique détermine l'évolution de la société et la transformation des modes de pensées. Cette posture se rencontre notamment en histoire, où l'on montre comment l'évolution de la technique d'attelage bouleverse la société et l'économie [*Lefebvre* 1931], ou comment l'invention de l'étrier change les techniques militaires, et les catégories sociales [*White* 1962], et en sociologie des médias, où notamment le courant médiologique [*Debray* 1991, *Debray* 2000] soutient des thèses déterministes sur l'influence des supports de transmission, à la suite du célèbre *Medium is Message* de Marshall McLuhan [*McLuhan* 1968]. Le déterminisme technique reste une question d'actualité [*Smith* 1994] même si des travaux importants ont depuis longtemps nuancé l'articulation entre technique et société : [*Bloch* 1935] suggère à partir d'une étude sur les moulins à eau que l'attelage est davantage une conséquence qu'une cause d'une mutation sociale, la société étant prête à adopter une telle innovation ; [*Eisenstein* 1991] relativise le lien majeur et indéniable entre support de communication et conséquences culturelles, en montrant la complexité des facteurs ;

– la *neutralité technique* selon laquelle la technique n'intervient en rien dans l'évolution des mentalités et de la société. Ainsi [*Wolton* 1997], ainsi que [*Wolton* 2001], soulignent que, malgré les innovations techniques et les progrès matériels indéniables, les conditions fondamentales de la communication ne changent pas, et il s'agit de critiquer la promesse technique depuis ces conditions.

Une question qui se pose dans ce contexte : comment déterminer un critère de démarcation entre un environnement matériel et un environnement technique ? Autrement dit, comment peut-on savoir que l'on a affaire à un environnement technique, prescrivant des actions répétables, ou à un environnement matériel, qui ne prescrit rien en particulier, pour lequel toute action est possible mais aucune n'est particulièrement répétable ? La réponse est qu'il n'existe aucune solution ou principe de démarcation. En effet, l'action prescrite et répétable n'est telle qu'à partir du moment où une conscience s'empare de cette prescription pour la suivre. Ainsi, pour un même environnement donné, il sera technique pour celui qui s'en sert comme tel, et matériel pour celui qui l'ignore. Cela implique qu'il n'y a de connaissances constatées que pour celui qui en dispose déjà.

L'affirmation que le support technique constitue la connaissance dont il est l'inscription pourrait renvoyer à un déterminisme technique (cf. encadré *supra*) à l'opposé d'un déterminisme social souvent défendu (cf. *infra*) ; mais en fait la théorie du support assume une position intermédiaire entre déterminisme technique et social (cf. encadré « Théorie du support »). La théorie du support est matérialiste, car toute connaissance dépend d'une inscription matérielle, mais non réductionniste car aucune inscription n'est en soi et par elle-même une connaissance.

La société et la culture peuvent ne pas être déterminées par la technique mais au contraire infléchir ses choix, voire les constituer, faisant de la technique un fait intégralement social et culturel. On peut distinguer ainsi :

La technique et le déterminisme social

– le *déterminisme social* selon lequel les choix et développements techniques ne sont effectués et adoptés que selon des critères sociaux, essentiellement pour permettre de reproduire des schémas existants, ou pour conforter une domination. Dans une version plus sociologisante, la technique elle-même (et non les choix techniques) est un fait social :

« Le point central n'est pas qu'on donne au social un statut spécial *derrière* la nature. Au contraire, on affirme qu'il n'y a rien d'autre que le social : des phénomènes naturels construits socialement, des intérêts sociaux construits socialement, des artefacts construits socialement, etc. » [*Pinch* 1989], cité par [*Flichy* 1995, p. 86] ;

– la *technique comme construction sociale,* thèse selon laquelle la technique est une construction sociale : il faut rapporter l'objectivité scientifique et la démonstration, formelle ou expérimentale, à des comportements sociaux et leurs conventions. On retrouve en particulier les travaux de B. Latour [*Latour* 1989]. L'enjeu n'est pas de subordonner la technique au social, ou réciproquement, mais d'observer sans hiérarchie prédéfinie leurs influences réciproques.

Tout dispositif technique est une mnémotechnique

Si la structure matérielle de l'environnement permet de répéter une action, elle en est une mémorisation. L'environnement, qui se fait technique, se souvient comment réaliser une action. En prescrivant l'action, il la mémorise. Ce fait est commun à tout dispositif technique. On le trouve par exemple dans les dispositifs techniques liés à la sécurité : une cisaille électrique, pour éviter tout accident, contraint son utilisateur à appliquer ses deux mains sur la poignée ; plutôt que de charger la conscience de l'utilisateur de la connaissance de tenir ses mains éloignées des lames cisaillantes, il vaut mieux en charger l'outil lui-même, permettant ainsi à l'utilisateur de se concentrer mentalement sur la forme qu'il taille.

Toute connaissance est d'origine technique

Selon les définitions et argumentations précédentes, il est évident que toute technique est connaissance, ou, de manière exacte, l'inscription matérielle d'une connaissance. Ainsi, par métonymie peut-on affirmer que toute technique est connaissance. Cependant, la réciproque n'est nullement impliquée et paraît même, de prime abord, fausse : en effet, toute connaissance n'est pas d'origine technique.

Nous mènerons une argumentation philosophique fondée sur la théorie kantienne de la connaissance pour montrer que, selon nos thèses, toute connaissance procède d'une genèse technique. Cependant, nous pouvons dès à présent l'argumenter à l'aide des notions présentées jusqu'ici. La connaissance est le pouvoir de répéter une action, de là provient son caractère idéal et pas seulement matériel. Mais, pour qu'il y ait répétition, il faut qu'il y ait mémoire du même. Or, il ne peut y avoir mémoire que s'il existe une persistance matérielle dans l'environnement permettant de reproduire le même. En effet, pour qu'il y ait mémoire, il faut qu'il y ait une persistance dans le temps, c'est-à-dire une structure spatiale définie indépendamment du temps. Or, selon nos définitions, toute structure matérielle prescrivant une répétition est d'ordre technique. Par conséquent toute connaissance n'est possible qu'en tant qu'elle dépend de la technique puisque toute mémoire est technique. La mémoire peut être interne, et reposer sur le corps propre, ou externe, et renvoyer à des instruments, spécialement façonnés ou non. Cela revient à considérer que le corps propre est un objet technique, objet particulier sur le statut duquel il conviendra de revenir.

La théorie du support, entre technique et société

Entre déterminisme technique et neutralité, la théorie du support argue que les dispositifs et innovations techniques modifient les conditions de possibilité de la pensée et des échanges sociaux. Cette modification n'est pas une détermination : il n'y a pas de couplage nécessaire entre une innovation technique et une mutation cognitive, culturelle ou sociale. La technique fonctionne comme moteur du changement, modifiant à la fois la réalité mais aussi les critères d'évaluation de la réalité.

Neutralité ou déterminisme technique donnent lieu à des condamnations et défenses de la technique. Une nature humaine, définie indépendamment de la technique, se verrait corrompue par la technique [*Ellul* 1954]. Selon la théorie du support, la technique fait partie de la nature humaine [*Stiegler* 1994], il n'y aurait donc ni à la blâmer ni à la louer, mais à comprendre sa dynamique et son rôle constitutif dans la nature de l'homme : l'homme, d'ailleurs, n'ayant plus une nature, mais seulement une histoire, puisque la technique se transforme et le transforme sans cesse. Sans origine, sans devenir tracés d'avance par une nature, l'homme se construit techniquement et socialement.

Les corrélats techniques de la connaissance

La connaissance n'est accessible qu'à travers une média-tion technique qui, d'une part la mémorise, et d'autre part permet son appropriation par la prescription qu'elle effectue d'une action à réaliser. Différentes classes de techniques et de connaissances se constituent :

– le savoir-faire, que l'on peut associer emblématiquement au geste, renvoie l'inscription du geste dans l'outil : l'outil programme ou plutôt prescrit, suggère, le geste ;

– le savoir-produire, que l'on peut associer emblémati-quement au processus, renvoie l'inscription du processus dans la machine : la machine reproduit et accomplit le processus ;

– le savoir-penser que l'on peut associer emblémati-quement à la reformulation, renvoie l'inscription de la pensée dans le document : textuel, sonore, etc.

Le savoir-produire peut être compris comme une exten-sion du savoir-faire : le séquencement des gestes à produire s'autonomise en un processus confié à un mécanisme. Ce qui permet d'aboutir à deux grandes classes techniques : le savoir-faire et le savoir-penser. Au savoir-faire correspondent les objets techniques que nous appellerons « instruments » : un instrument est un outil technique qui programme le geste. Au savoir-penser correspondent les objets techniques que nous appellerons « contenus ». Un contenu est un objet tech-nique qui programme la pensée.

Le savoir-penser mérite quelques précisions. Il sous-entend que l'inscription de la pensée dans des documents permet à la pensée d'actualiser dans la conscience une parole, comme s'il existait un langage de la pensée. Ce thème a connu des fortunes diverses et possède une tradition fort riche et dense. Nous ne défendrons pas ici la thèse du langage de la pensée, mais soutiendrons que la lecture des documents ou inscriptions matérielles permet de produire des inscriptions dans l'esprit.

Selon notre approche, la conscience n'est qu'une pure dynamique de réinscription, ne possédant aucune intériorité propre. Puissance interprétative, la conscience est pure intentionnalité, c'est-à-dire pur renvoi vers le dehors, vers l'altérité. Ainsi, toute interprétation d'une inscription menée par la conscience ne consiste-t-elle pas en une intériorisation du sens de l'inscription, mais en une réinscription de cette première inscription en une seconde, mentale celle-ci. Mais, et c'est le point important, cette inscription mentale n'est pas dans la conscience, et lui est extérieure tout comme l'inscription matérielle. L'extériorité de l'inscription mentale renvoie à l'extériorité du corps propre pour la conscience : extérieur à la conscience, il entretient avec elle un rapport privilégié cependant qui le distingue radicalement des autres supports externes, supports d'inscriptions matérielles. Il convient donc de parler d'inscriptions corporelles pour les opposer aux inscriptions matérielles, et abandonner la notion d'inscriptions mentales, trop sujette à confusion. On a ainsi trois positions fondamentales :

– une transcendance ou extériorité matérielle correspondant aux inscriptions ou instruments situés dans l'espace externe et environnant le corps propre ;

– une transcendance ou extériorité corporelle correspondant aux inscriptions possédant le corps *propre* comme support ;

– aucune intériorité : la conscience ne recèle pas d'intériorité dans la mesure où elle n'est qu'une pure dynamique intentionnelle, s'appuyant sur une inscription corporelle (extériorité corporelle) ou une inscription matérielle (extériorité matérielle) pour l'interpréter et produire une nouvelle inscription.

Le corps propre est un support particulier. En effet, il est *vivant* et *privé*. Dans la mesure où il est vivant, il est soumis à un rythme propre d'évolution, il impose ce rythme aux inscriptions qu'il supporte dans sa plasticité vivante. C'est la raison pour laquelle ce support est souple, mais peu durable : non pas qu'il se corrompe, comme de vieux parchemins humides, mais parce qu'il se transforme, que ce soit pour accueillir de nouvelles inscriptions, ou pour suivre son propre rythme d'évolution biologique. Les inscriptions corporelles sont autant de palimpsestes, proposant à la dynamique réinterprétante de la conscience une matière vivante.

Mais le corps est aussi privé ; le corps vivant est un corps *propre* ; masquées aux regards d'autrui, les inscriptions corporelles ne sont accessibles qu'à la conscience. Inscriptions permettant la mémorisation, elles ne peuvent être partagées. Elles doivent pour cela être réinterprétées en un code de communication véhiculée par un support relevant de l'extériorité matérielle.

L'inscription corporelle n'est pas un langage mental, puisqu'elle n'est ni linguistique, ni mentale. Ce n'est pas un langage dans la mesure où, tout comme les inscriptions documentaires, elle ne constitue pas un langage au sens propre, mais seulement en un sens dérivé en n'étant que l'inscription ou l'expression, non le principe. Elle n'est pas mentale dans la mesure où elle serait *dans* la conscience ou l'esprit, puisque la conscience n'a pas d'intériorité, elle ne peut rien contenir.

Par conséquent, l'esprit est toujours confronté à une relation privilégiée avec le corps propre comme objet technique. Le corps propre prescrit des réinscriptions, surdétermine des comportements. Par l'entraînement et l'exercice, la conscience peut faire évoluer les inscriptions corporelles pour améliorer son rapport à l'environnement matériel.

La théorie du support en quelques thèses

Cette section a pour but de rassembler en quelques thèses essentielles l'argumentation menée jusqu'ici. Cette dernière vise à constituer une « théorie du support ». Cette théorie s'inscrit dans une conception de la connaissance et de la technique qui n'a pas tant pour fonction de constituer une théorie définitive de la cognition et de la connaissance que de fournir des points de repère et des orientations selon lesquelles continuer les investigations.

Comme son nom l'indique, la notion centrale de la théorie du support est le « support ». Par support nous entendons support d'inscription. Une inscription correspond à une forme inscrite sur/dans un substrat matériel. Or, et c'est là le point essentiel, les propriétés de l'inscription dépendent des propriétés du support, ce que l'on peut résumer par la thèse suivante :

Les propriétés matérielles du support d'inscription conditionnent l'intelligibilité de l'inscription.

La thèse est donc que l'interprétation de l'inscription, ou le sens qu'on lui accorde, dépend de sa structure matérielle et de ses propriétés physiques. La matérialité du support prédétermine, conditionne, le sens que l'on peut accorder à une inscription. Les propriétés matérielles du support doivent être considérées sous un double aspect : d'une part, il s'agit du substrat matériel dans lequel les inscriptions seront portées. C'est par exemple le papier et l'encre, sa structure de *codex* ou de *volumen*, etc. D'autre part, il s'agit des formes matérielles inscrites dans le support. Ces formes matérielles ne sont pas quelconques : elles doivent constituer un code et leur manipulation doit être compatible avec les propriétés du support. Ainsi, l'inscription subit-elle une double contrainte matérielle : le format des formes matérielles et le substrat d'inscription. Substrat et format sont donc les deux dimensions sous lesquelles considérer l'influence du support sur l'intelligibilité de l'inscription.

Les thèses de la théorie du support.

La théorie du support s'articule autour de la thèse centrale suivante : les propriétés du substrat matériel d'inscription ainsi que le format physique de l'inscription, conditionnent l'intelligibilité de l'inscription. Elle comprend en outre les thèses suivantes :

– une connaissance est la capacité d'effectuer une action dans un but donné ;

– un objet technique prescrit par sa structure matérielle des actions. L'objet technique est l'inscription matérielle d'une connaissance ;

– toute connaissance procède d'une genèse technique. Seule la répétition, prescrite par les objets techniques, de l'action permet d'engendrer la connaissance comme *capacité à exercer une action possible* ;

– la connaissance, engendrée par la technique, prescrit une transformation dans le monde des choses (l'objet technique est alors un instrument) ou une explicitation dans le monde des représentations (l'objet technique est alors une inscription sémiotique, c'est-à-dire un contenu) ;

– une pensée est une reformulation effectuée par la conscience sur le support corporel qu'est le corps propre. Penser, c'est s'écrire. Toute pensée, comprise comme reformulation a pour cible de réécriture le corps *propre*, et comme origine, le corps *propre* ou une inscription externe quelconque ;

– la conscience est un pur dynamisme intentionnel, source des ré-écritures considérées comme des interprétations et non comme un mécanisme.

La théorie du support reprend les thèses de la conception de la technique exposée plus haut. Toute connaissance, comprise comme la capacité d'effectuer une action possible, s'inscrit matériellement dans un support technique, dont la structure physique prescrit son usage et les actions correspondantes. Prescrivant des actions qu'il rend possible, l'objet technique est l'inscription matérielle de connaissances. Par conséquent, tout objet technique est le support d'une connaissance dont il prescrit les actions associées. La théorie du support est une théorie de l'inscription matérielle des connaissances.

Les actions procédant des objets techniques peuvent être de deux natures : des actions de transformation dans le monde des choses ou des actions d'explicitation dans le monde des représentations. Le terme de « monde » n'est pas à prendre dans un sens trop strict. En particulier, ces mondes ne sont pas étanches, et comprennent des objets communs. Seul change le regard que l'on a sur eux. Une chose est une chose quand elle est considérée de manière non intentionnelle, c'est-à-dire pour ce qu'elle est elle-même, et non pour ce qu'elle n'est pas, parce qu'elle renverrait à autre chose que ce qu'elle est. Une chose est une représentation quand elle est considérée de manière intentionnelle, quand elle est considérée en fonction de ce à quoi elle renvoie. Par conséquent, un même objet peut être une chose ou une représentation.

Les objets techniques qui prescrivent une action dans le monde des choses sont des *inscriptions instrumentales* ou *instruments* et ceux qui prescrivent des actions dans le monde des représentations sont des *inscriptions sémiotiques* ou *contenus*.

Toute action dans ce cadre est une espèce de réécriture ou reformulation, au sens large. S'il s'agit d'une action de transformation, l'objet technique prescripteur favorise la production d'une nouvelle chose, qui à son tour devient prescriptrice d'autres transformations possibles. La question est de savoir s'il peut exister des choses purement choses, qui ne soient pas des objets techniques. Ces choses seraient brutes, sans actions privilégiées possibles. D'un certain point de vue, la réponse est positive. En effet, il est facile d'imaginer des objets qui soient neutres, qui ne renvoient à rien en particulier. Mais, en revanche, comment peut-on percevoir de tels objets ? Peut-on percevoir ce qui est totalement inutile, c'est-à-dire ne renvoyant à aucun système d'actions en particulier ? La réponse est alors non. On ne peut percevoir que ce qui est manipulable. L'une des vertus des œuvres d'art, signalées en tant que telles par leur auteur, est de donner à voir des objets sortis de leur usage technique. Ainsi, la vertu du tableau n'est pas de donner à voir une réalité devant laquelle il s'effacerait, mais de se montrer comme regard, indépendamment de son utilité comme reproduction. Le XXe siècle a d'ailleurs inventé des formes artistiques détournées de leur contexte de production et d'usage, les montrant dans leur choséité brute, ce qui ne manque pas de plonger le chaland dans la plus profonde perplexité : quel sens donner à cet objet d'art alors que le geste artistique de l'auteur a précisément consisté à annuler ses significations usuelles ?

L'environnement ne comprend donc pas des choses, mais des objets techniques. Nous vivons dans un monde d'objets qui s'adressent à nous à travers les actions dont ils sont le support. Comme le rappelle souvent F. Rastier, l'homme est un animal sémiotique : tout pour lui fait sens, ou alors n'existe pas. Et un objet fait sens quand il oriente notre action, lui donne une direction, un sens, et nous permet d'agir et donc d'exister.

Dans ce contexte, qu'est-ce qu'une pensée ? Une pensée est une action d'inscription sur le corps propre comme support. Penser, c'est s'écrire, ou encore se ré-écrire. Une pensée n'est donc pas un être idéal flottant dans l'éther de la conscience, mais un processus dynamique de réinscription. Par ailleurs, la source d'une pensée est elle-même conditionnée par un objet technique qui la prescrit. Cet objet technique peut être une inscription corporelle, ou une inscription matérielle. Par conséquent, il ne peut exister de pensée sans inscription corrélée, inscription corporelle comme cible, et une inscription matérielle ou corporelle comme source. Toute pensée possède un ancrage matériel, sans pour autant s'y réduire. En effet, une inscription corporelle ou matérielle n'est pas en soi une pensée. Il ne suffit pas qu'il y ait une inscription pour qu'il y ait une pensée. Pour cela, il faut que l'inscription soit interprétée. Par interprétation, il faut comprendre une réécriture : interpréter, c'est reformuler une inscription à travers une autre inscription. La pensée n'est pas le résultat de l'interprétation, mais le processus même de l'interprétation. Penser, c'est produire une inscription à partir d'une inscription. Comprendre, c'est reformuler une inscription.

Enfin, la pensée actualise une des significations possibles d'une inscription. Reprenant les considérations de F. Rastier [*Rastier* 91] pour lequel le sens d'une unité correspond à sa valeur sémantique en contexte, et sa signification à sa valeur selon un point de vue normé décontextualisé (par exemple dans un dictionnaire), nous définissons le sens d'une inscription comme l'interprétation qu'elle reçoit dans un contexte donné, et sa signification comme l'interprétation selon un point de vue normé et décontextualisé. Une inscription peut donc recevoir autant de sens possibles qu'elle peut être réécrite en contexte. Une réécriture actualise un sens possible de l'inscription. Elle s'effectue selon un point de vue, ou grille de lecture, ou principe interprétatif. Une inscription ne possède donc pas de sens propre ou intrinsèque, mais des sens possibles pour des points de vue d'interprétation.

La signification d'une inscription correspond à la stabilisation d'un sens possible selon un point de vue normé. Le point de vue normé permet d'associer à une inscription un sens propre ou intrinsèque. Ce sens propre est seulement spécifique au point de vue qui le rend possible. C'est par exemple la signification d'une unité lexicale dans le dictionnaire, définie indépendamment du contexte, mais selon le point de vue normé de la langue (au sens de Saussure, comme système). Le sens correspondrait alors aux réécritures pertinentes au contexte, selon le point de vue adopté dans ce contexte.

Le caractère constitutif du support : argument philosophique

La théorie du support exposée plus haut peut s'argumenter de diverses manières. Trois nous semblent particulièrement pertinentes :

– une approche historique : l'histoire de l'écriture et de la lecture fournit des exemples attestés de l'influence du support sur l'intelligibilité du contenu. Que ce soit au niveau du substrat (passage de *volumen* au *codex*) ou du format (passage de l'écriture pictographique à l'écriture alphabétique), l'écriture est une technologie formatant la pensée [*Bottero* 1987, *Illich* 1991, *Chartier* 1997] ;

– une approche anthropologique : l'étude des sociétés orales a montré quel pouvait être l'impact de l'écriture. En particulier, l'écriture permet l'émergence de nouvelles formes de rationalité qui se manifestent à travers des structures conceptuelles particulières. Ces structures sont principalement la liste et le tableau. C'est à Jack Goody [*Goody* 1979] que revient le mérite d'avoir le premier mis en évidence ces faits et d'avoir forgé le concept de « raison graphique », concept adossant la technologie de l'écriture à une rationalité particulière ;

– une approche philosophique : la théorie du support est une théorie *sur* la connaissance, à défaut d'être une théorie *de* la connaissance. La question de la connaissance est un domaine privilégié de la philosophie. Le recours à cette dernière permet de montrer que la connaissance est issue d'une synthèse que l'objet technique permet d'effectuer. C'est donc la philosophie kantienne [*Kant* 1997] qui nous servira de guide pour cette réflexion.

Nous ne développerons ici que certains aspects de l'approche philosophique, ceux qui nous permettent d'introduire les considérations gnoséologiques nécessaires pour les notions de raison graphique d'une part et de raison computationnelle [*Bachimont* 2000] d'autre part. Nous renvoyons à nos travaux antérieurs pour les deux autres approches, en particulier [*Bachimont* 1996].

La connaissance, c'est l'affaire du concept. Le concept, étymologiquement, correspond au fait de « saisir ensemble ». Concevoir, c'est rassembler dans l'unité d'un acte de pensée différents éléments. Pris ensemble, ces éléments sont posés ensemble, c'est-à-dire *syn* (ensemble)-thétisés (posés). Les éléments qui sont saisis et posés ensemble sont ceux que l'esprit ou conscience rencontre comme n'étant pas issus de sa propre spontanéité, mais reçus d'une extériorité transcendante à la conscience. Ces éléments se présentent dans un temps et dans un espace et constituent alors un « divers spatio-temporel ». Le temps constitue la forme du sens interne, où l'esprit rencontre dans sa vie intérieure divers éléments. L'espace constitue quant à lui la forme du sens externe, où l'esprit rencontre dans sa vie extérieure divers éléments. Il faut noter que ces éléments constituent un « divers », c'est-à-dire qu'il n'est pas déterminé autrement que dans sa dimension spatiale et temporelle : en particulier, il n'est pas un objet que l'on aurait reconnu.

Pour cela, il faut l'avoir synthétisé, c'est-à-dire rassemblé et unifié en un objet. Kant distingue trois étapes dans la synthèse :

la *synthèse de l'appréhension dans l'intuition*,
la *synthèse de la reproduction dans l'imagination*,
la *synthèse de la recognition dans le concept*.

Il est important de détailler ces trois synthèses.

Ces synthèses portent sur les représentations, qui sont des « modifications de l'esprit » (AK IV, 77), que l'on peut comprendre comme étant des éléments reçus, rencontrés dans le sens interne, dans la vie interne de l'esprit, mais dont l'esprit n'est pas l'auteur. L'esprit n'est pas la cause des représentations, il les reçoit, il les rencontre dans sa vie intime. Sa vie intime se détermine par rapport à la dimension temporelle, où les représentations, modifications de l'esprit, « doivent toutes [y] être ordonnées, connectées et mises en rapport ». Mais comment les mettre en rapport alors qu'elles s'ordonnent selon une dimension temporelle qui est celle de la succession ? Pour les mettre en rapport, il faut qu'elles soient présentes ensemble, simultanément. Mais dans la succession temporelle, les modifications de l'esprit ne sont jamais présentes ensemble, car quand l'une survient, les autres sont soit déjà passées, soit encore à venir. Kant dit en effet qu'« en tant que contenue dans un instant unique, toute représentation ne peut jamais être autre chose qu'une unité absolue ». « Unité absolue » signifie ici que l'unité est isolée des autres, qu'elle ne peut être reliée aux autres. Pour que, malgré l'unité absolue des instants temporels, la mise en rapport temporelle des modifications de l'esprit soit possible, il est nécessaire que l'esprit puisse parcourir et rassembler le divers temporel de manière à le tenir ensemble, simultanément. Kant en déduit qu'une synthèse est nécessaire, synthèse qui permet d'appréhender comme un ensemble, dans une simultanéité les éléments composant le divers temporel. C'est pourquoi cette synthèse est une « synthèse de l'appréhension dans l'intuition ».

Mais comment peut s'effectuer cette synthèse de l'appréhension dans l'intuition ? En fait, pour saisir ensemble ce qui est successif, il faut, lorsque l'esprit parcourt le divers et passe d'un élément contenu dans un instant à l'élément contenu dans l'instant suivant, qu'il « n'oublie pas » l'instant juste écoulé pour aborder l'instant suivant. Pour cela, il le retient en le maintenant présent lors des instants suivants. Cela est possible grâce à l'imagination, qui reproduit ce qui est écoulé lors des instants suivants. L'imagination, traditionnellement, est la faculté des images, c'est-à-dire la faculté qui peut susciter des représentations sans que la cause externe des représentations soit présente. Autrement dit, l'imagination peut être la cause de représentation. Cette faculté est mobilisée ici pour reproduire, répéter dans le présent ce qui appartient déjà au passé. Ainsi, l'imagination rend présent simultanément ce que l'esprit parcourt lors de la synthèse de l'appréhension. Cette synthèse n'est donc possible comme syn-thèse que parce que l'imagination permet de poser ensemble ce que l'esprit appréhende dans sa temporalité. Kant dit en effet :

« Or, il est manifeste que si je tire une ligne par la pensée, ou si je veux penser le temps séparant un midi et le midi suivant, ou même me représenter simplement un certain nombre, il me faut nécessairement en premier lieu saisir dans ma pensée ces diverses représentations l'une après l'autre. En revanche, si je laissais toujours les précédentes (les premières parties de la ligne, les parties précédentes du temps ou les unités que je me suis représentées successivement) disparaître de mes pensées et si je ne les reproduisais pas en passant aux suivantes, jamais ne pourrait se produire une représentation complète, ni aucune des pensées évoquées précédemment, pas même les représentations fondamentales qui sont les plus pures et les premières, celles de l'espace et du temps » (AK IV 79).

Mais ce n'est pas encore suffisant. En effet, répéter les instants passés ne peut suffire si n'est pas également présent à l'esprit le fait que ces instants répétés ont à voir ensemble, et doivent constituer une unité cohérente. Autrement dit, il est nécessaire qu'une règle détermine la répétition des instants et les agrège au fur et à mesure à une totalité en constitution, comme les notes d'une mélodie s'agrègent progressivement pour constituer non pas une cacophonie de notes mais un ensemble harmonieux et cohérent. Cette règle est le concept, qui prescrit ce qu'il faut reproduire et comment pour constituer une unité synthétique, c'est-à-dire qui rassemble en un tout cohérent, les éléments du divers.

« Le terme de concept pourrait déjà par lui-même nous induire à faire cette remarque. En effet, c'est bien cette conscience une qui réunit en une représentation le divers intuitionné peu à peu et ensuite reproduit. [...] Toute connaissance exige un concept, si imparfait et aussi obscur qu'il puisse être ; mais celui-ci, quant à sa forme, est toujours quelque chose de général et qui sert de règle. Ainsi le concept de corps sert-il de règle, selon l'unité du divers qu'il permet de penser, à notre connaissance des phénomènes extérieurs. Mais il ne peut constituer une règle des intuitions que dans la mesure où il représente, pour des phénomènes donnés, la reproduction nécessaire de ce qu'il y a en eux de divers, par conséquent l'unité synthétique dans la conscience que nous en avons » (AK IV 81).

Le concept prescrit ce qu'il faut reproduire (« la repro-duction nécessaire ») : le concept est donc un pouvoir de sé-lection qui retient et qui oublie pour constituer une unité cohérente. Mais, cette sélection ne peut s'effectuer que si, en un sens, tous les instants du divers sont là, présents, disponi-bles pour une répétition possible, pour une sélection per-mettant la nécessaire reproduction du divers en vue de son unité synthétique. Il doit donc exister une présence virtuelle, une solidarité fondamentale des éléments du divers tempo-rel qui les propose à la sélection du concept. Finalement, cette solidarité correspond au fait que les éléments compo-sant le divers, ces modifications de l'esprit, sont des modifi-cations de *mon* esprit, sont *mes* représentations. Cette co-présence des représentations correspond au fait qu'il y a un sujet sous-jacent aux représentations, sujet à travers le-quel le pouvoir unificateur des concepts s'applique sur ces dernières. Kant appelle cette co-présence fondamentale l'aperception transcendantale ou aperception originaire. Terme introduit par Leibniz, l'aperception désigne le fait d'être conscient de ses propres perceptions, par extension de ses représentations. Kant désigne ainsi le fait que la cons-cience doit toujours être consciente qu'il s'agit de ses propres représentations, même si elle n'en est pas l'auteur, pour que le pouvoir de ses concepts puisse s'exercer pour l'unification et la synthèse du divers :

> « En ce sens, la conscience originaire et nécessaire de l'identité de soi-même est en même temps une conscience d'une unité tout aussi nécessaire de la synthèse de tous les phénomènes d'après des concepts, c'est-à-dire d'après des règles qui non seulement les rendent nécessairement reproductibles, mais par là aussi déterminent pour leur intuition un objet, c'est-à-dire

le concept de quelque chose où ils trouvent à s'enchaîner avec nécessité […]. »

L'aperception transcendantale correspond au fait que Kant doit se donner ce qu'il veut précisément expliquer : comment unifier et conférer l'unité à ce qui est multiple, divers et diversifié ? En effet, face à la dispersion temporelle qui interdit toute donation globale, qui interdit le fait que l'on puisse avoir l'expérience du tout de l'expérience, il faut en passer par les synthèses : reproduire ce qui est dispersé à partir d'une sélection. Mais, pour construire la co-présence des composants du divers nécessaires à la synthèse objectivante (*i.e.* délivrant un objet), on doit se donner une co-présence fondamentale, un arrière-plan de la conscience où les composants du divers sont là, ensemble. En prenant une métaphore maladroite, on pourrait comparer cette aperception à des éléments disposés dans le recoin sombre d'une pièce : le regard de la conscience ne peut que balayer successivement ces composants, et il doit pour cela effectuer les trois synthèses. Mais la conscience se fonde sur l'exploration d'éléments qui lui sont *déjà* donnés.

Ainsi la connaissance repose-t-elle sur ces synthèses, qui permettent de lier le divers grâce à la répétition dans l'imagination des instants écoulés, répétition ou reproduction s'effectuant selon une règle ou concept, à partir d'une sélection effectuée sur les représentations appartenant à la conscience, c'est-à-dire saisies par l'aperception originaire. On connaît la suite : Kant entreprend de déterminer les concepts fondamentaux de l'entendement, les catégories, à partir desquels les synthèses peuvent être effectuées et les objets constitués. Nous n'insisterons pas davantage sur la détermination des catégories et leur mise en œuvre pour revenir sur les mécanismes de la synthèse tels qu'ils ont été présentés par Kant.

Temps d'appréhension, espace et structure de présentation

La théorie kantienne de la connaissance insiste sur le fait que la conscience est une dynamique temporelle si bien que, si l'on ne veut pas que le flux de la conscience emporte tout sur son passage, il est nécessaire de dégager des étapes où le flux est modifié et structuré par l'action des concepts et de l'imagination. La structuration du flux de la conscience repose exclusivement sur les ressources de la pensée et de la conscience. Cela a pour conséquences les points suivants :

– les structures de la pensée permettant d'agencer les synthèses sont nécessairement les structures de la pensée pure, ou des structures transcendantales, dans la mesure où elles expliquent la possibilité de l'expérience et de la connaissance. En effet, il ne s'agit pas de constater qu'il existe telle ou telle structure de la conscience, mais de déduire que, puisqu'il y a connaissance, il doit nécessairement exister telle ou telle structure qui la rend possible. Ces structures ne sont donc pas empiriques, c'est-à-dire observées, mais déduites ;

– ces structures transcendantales sont donc fixées une fois pour toutes et ne peuvent évoluer. En particulier, la structure de l'entendement n'est pas soumise au devenir historique et à la variabilité sociale et culturelle.

L'approche transcendantale a donc pour conséquences de poser les structures de la pensée pure, structures anhistoriques et aculturelles. Conséquences que l'on peut juger inacceptables. En tout état de cause, elles reconduisent d'une certaine manière la métaphysique que Kant voulait révoquer, puisque l'on détermine indépendamment de l'expérience les structures de l'expérience. Faut-il pour autant revenir à l'empirisme ? On retrouverait la difficulté, pointée par Kant, d'expliquer le fait que l'on dispose de connaissances universelles et nécessaires, c'est-à-dire des connaissances scientifiques. Le dilemme serait alors entre, d'une part, l'empirisme et l'incapacité de rendre compte de la possibilité de la science, alors qu'elle existe, et, d'autre part, le transcendantalisme et le postulat d'une raison pure non historique. Pour sortir du dilemme, il faut d'une part sauvegarder la nécessité de l'expérience, et d'autre part éviter l'écueil de la raison pure. Autrement dit, il faut de la nécessité, mais une nécessité qui peut être soumise au devenir historique et à la variation culturelle. Il faudrait quelque chose comme de la nécessité locale, une nécessité qui ne renverrait pas à une structure globale de l'expérience telle qu'elle serait prescrite par la raison pure, mais qui renverrait à une nécessité locale prescrite à l'esprit par son environnement matériel et culturel. Il faut par conséquent déterminer ce qui peut prescrire une synthèse sans pour autant renvoyer à une structure transcendantale de la raison pure. La proposition faite ici est de considérer l'objet technique, l'outil, comme vecteur de nécessité pour la connaissance et l'expérience :

– l'objet technique est un objet construit ; en tant que tel, il est donc soumis au devenir historique, aux variations culturelles, sociales, anthropologiques, etc. ;

– l'objet technique prescrit un usage possible et ordonne l'expérience. Les objets techniques font système et prescrivent la manière de s'en servir et de créer des objets ou d'accomplir des actions. Par conséquent, les outils, les machines créent de la nécessité locale pour la conscience qui s'en empare.

Mais comment l'outil peut-il agir sur la conscience ? L'outil agit en prenant lui-même en charge les synthèses que Kant a dégagées comme conditions nécessaires à la connaissance et à l'expérience. Si l'on conserve le principe d'un esprit ou d'une conscience comme une dynamique vivante, un flux temporel, l'outil devient dès lors un vecteur de spatialisation qui prescrit, structure les trois synthèses :

– l'outil est un objet matériel, qui présente simultanément dans sa structure les éléments d'un divers. Par exemple, un texte écrit présente dans la simultanéité et la synopsis de la page la transcription de ce qui est successif dans la parole, et temporellement dispersé. L'outil propose par conséquent une synthèse de l'appréhension dans la mesure où il décharge la conscience du fait de poser ensemble les éléments du divers ;

– l'outil, par sa permanence, assure par principe la synthèse de la reproduction. Mais il ne s'agit plus d'une synthèse de la reproduction dans l'imagination, mais d'une synthèse de la reproduction par l'outil. Par exemple, les enregistrements sonores permettent de répéter, de reproduire des discours ou des mélodies qu'il faudrait sinon se remémorer en imagination. L'outil prend en charge ce dont l'imagination était déclarée responsable ;

– l'outil ne répète pas tout ; il sélectionne. Cela est particulièrement évident dans les techniques d'enregistrement, où il est important par exemple de sélectionner ce que l'on veut écouter sous peine soit de ne pas le capter du tout, soit de le noyer sous d'autres sons associés. L'outil permet donc de jouer le rôle du concept : il retient et reproduit seulement certains éléments, selon une nécessité qui n'est pas celle de la raison pure, mais celle de la technicité dont il est issu.

La technique se substitue donc au transcendantal, introduisant un moyen terme entre la contingence empirique et la nécessité apodictique ; constituée et constituante [*Stiegler* 94], la technique permet de rendre compte de la variation, la diversité et la diversification, sans renoncer à l'explication scientifique.

Que fait alors la conscience ? Il ne faut pas en déduire que l'outil, prenant en charge les trois synthèses, rend la conscience inutile. Car l'outil propose à la conscience, mais n'en dispose pas ni ne s'y substitue. En particulier, si l'outil par exemple permet de répéter à l'identique de mêmes sons ou images, il n'en résulte pas que nous voyons ou entendons la même chose. Mais si l'outil ne suffit pas à susciter la connaissance, faut-il en déduire qu'il faut revenir aux structures transcendantales de la raison pure, les outils ne constituant alors qu'une étape intermédiaire et préliminaire à partir de laquelle la conscience pourrait mener les synthèses nécessaires pour qu'une connaissance soit possible ? En quelque sorte, la technique ne constituerait que la réalisation matérielle de connaissances déjà constituées, dans le sens où l'on dit que les instruments de mesure sont des théories matérialisées, et l'on se retrouverait dans la situation initiale de l'impossibilité de penser la genèse technique des connaissances.

Mais l'esprit n'est pas seul en face de ses outils et des systèmes techniques : il ne les aborde que muni d'un outil très particulier, vivant et propre, son corps. L'esprit est toujours incarné dans une chair à travers laquelle il rencontre le monde et son environnement. Qualifier le corps *propre* d'outil peut paraître singulier. C'est ici nécessaire pour souligner les points suivants :

– le corps *propre* est un support de mémoire : il permet le souvenir c'est-à-dire la répétition. Des rythmes verbo-moteurs de la mémorisation orale à la mémoire corpo-relle des pianistes, le corps intervient comme le support privilégié de mémorisation ;

– le corps *propre* sélectionne : mémoire incarnée, il pres-crit dans une expérience sensible ce qui est retenu pour une synthèse finale. Par exemple, la mémoire incarnée des écoutes passées d'une symphonie conditionne les écou-tes futures. Ce qui sera appréhendé, retenu et unifié est conditionné par l'outil qu'est le corps propre.

La conscience est par conséquent une dynamique au con-fluent de deux systèmes techniques : le système technique vivant et privé qu'est le corps *propre*, le système technique des outils et instruments extérieurs au corps. On retrouve l'opposition classique du mort et du vif : les outils et le corps. Ainsi, écouter un enregistrement sonore, c'est en fait le re-transcrire et le mémoriser en son corps *propre*. L'enregistre-ment externe, le compact-disc par exemple, propose une appréhension, une répétition et une sélection que la cons-cience, à partir de son intériorité structurée par le corps *propre*, appréhende, reproduit et sélectionne également. Autrement dit, l'outil se rencontre à travers l'expérience sen-sible qui n'est pas une couche désincarnée de la raison (l'in-tuition ou la sensibilité) que l'on pourrait rapporter à une sensation donnée dans l'espace et le temps, mais une mé-moire incarnée qui conditionne ce que la conscience peut appréhender, reproduire et unifier dans son expérience.

Comment s'effectue cette rencontre entre corps et outil ? Reprenons les concepts kantiens et tâchons de les faire travailler. Tout d'abord, la conscience est un flux temporel. Il faut donc poser ce que nous appellerons un temps de l'appréhension. Ce temps de l'appréhension est le temps à travers lequel la conscience vit le divers qu'elle rencontre. C'est par exemple le temps de l'écoute d'un compact-disc, le temps de la lecture d'un livre, de l'utilisation d'un marteau, etc. Mais ce temps de l'appréhension ne peut donner lieu au déploiement d'une connaissance que si le temps est lié, rassemblé et unifié. Il faut donc ce que nous appellerons un espace de présentation, espace dans lequel la synopsis de l'appréhension devient possible. L'espace de présentation est par exemple l'espace de la feuille où un texte est écrit, l'espace structuré d'un outil, etc. Mais c'est aussi le corps *propre* qui mémorise et retient le présent d'une expérience dans sa structure biologique vivante (mémoire des sons, des goûts, et des pensées). Enfin, l'espace de présentation doit être structuré de manière à déterminer le principe d'unification du divers. Nous avons donc besoin d'une structure de présentation, structure déterminant la nécessité de la reproduction et de son unification. C'est l'équivalent du concept kantien. Résumons les trois concepts proposés ici :

– le temps de l'appréhension, temps au cours duquel l'esprit prend conscience de son expérience ;

– l'espace de présentation, espace dans lequel le divers est présenté et rassemblé ;

– la structure de présentation, structure de l'espace de présentation permettant de déterminer la règle de répétition.

En fonction des trois concepts proposés plus haut, il est possible de déterminer des classes génériques d'outils (extérieurs au corps) selon qu'ils agissent ou non sur l'un des niveaux dégagés. Une première catégorie est constituée par les outils proposant un espace et une structure de présentation, mais n'agissant pas sur le temps d'appréhension. Cela signifie que le temps vécu par la conscience qui s'empare de l'outil n'est pas prescrit par l'outil. C'est par exemple le livre qui propose un espace, les feuilles, une structure, la typographie et la mise en page, mais qui ne prescrit pas le rythme de lecture.

Une seconde catégorie est constituée par des outils prescrivant en outre un temps d'appréhension. Autrement dit, ils déterminent le flux temporel de la conscience, où la conscience, si elle s'empare de l'outil, doit se conformer au rythme temporel qu'il prescrit. C'est par exemple le cas des enregistrements sonores où, pour ré-accéder au contenu, il importe que la conscience se conforme au flux temporel acoustique reconstitué par l'outil. Dans ce cas, l'espace de présentation est le corps *propre*, qui retient les éléments du flux vécu et les sélectionne. C'est la raison pour laquelle, même si le temps de l'appréhension est déterminé par l'outil, il n'en résulte pas que l'on entende la même chose puisque l'espace et la structure de présentation, reproduction et sélection peuvent varier et évoluer d'un temps à un autre. Il faudra y revenir dans le cas des documents audiovisuels : même si le temps d'appréhension n'est plus laissé à la discrétion de la conscience, même si le flux du vécu est déterminé par l'artefact technique, ce qui est retenu et synthétisé ne peut jamais être déterminé exclusivement par l'artefact. Il faut sans doute voir là un élément fondamental de la liberté humaine : aucun outil ne peut définitivement aliéner la conscience dans la mesure où ce qu'elle vit ne peut être exclusivement déterminé par l'outil. Le rempart de la liberté n'est plus alors le concept transcendant d'un esprit pur, mais tout simplement le corps, vivant et privé, la chair incarnant l'esprit. Même si ce corps se technologise, il n'en demeure pas moins qu'il est ce à travers quoi la conscience vit : le corps n'est pas un outil transcendant (extérieur) que la conscience utilise, mais une chair à travers laquelle elle vit. Ainsi, l'aveugle perçoit-il et exerce son sens du toucher à l'aide de sa canne blanche : il perçoit au bout de sa canne, et non au bout de sa main. La canne, devient un membre du corps *propre*, et dès lors l'esprit vit à travers elle. De morte, d'inerte, elle devient vive ; alors qu'on pourrait croire que la prothèse saisit le corps vivant pour lui adjoindre un corps-mort, on constate que le vif saisit ici le mort. Cela renvoie au phénomène souvent constaté de la plasticité du corps, ses frontières restant mobiles, et de son caractère hybride : il est à la fois le corps que je suis (le vif) et le corps que je possède (le mort).

C'est pourquoi il faut selon nous relativiser les thèses de l'École de Francfort [*Assoun* 1987], en particulier les affirmations d'Adorno et de Horckeimer :

> « Le film sonore, surpassant en cela le théâtre d'illusions, ne laisse plus à l'imagination et à la réflexion des spectateurs aucune dimension dans laquelle ils pourraient se mouvoir, s'écartant des événements précis qu'il présente sans cependant perdre le fil, si bien qu'il forme sa victime à l'identifier directement avec la réalité. Aujourd'hui, l'imagination et la spontanéité atrophiées des consommateurs de cette culture n'ont plus besoin d'être

ramenées d'abord à des mécanismes psychologiques. Les produits eux-mêmes – en tête de tous les films sonores, qui en sont le plus caractéristique – sont objectivement constitués de telle sorte qu'ils paralysent tous ces mécanismes. Leur agencement est tel qu'il faut un esprit rapide, des dons d'observation, de la compétence pour les comprendre parfaitement, mais qu'ils interdisent toute activité mentale au spectateur s'il ne veut rien perdre des faits défilant à toute allure sous ses yeux. Même si l'effort exigé est devenu presque automatique, il n'y a plus de place pour l'imagination. Celui qui est absorbé par l'univers du film, par les gestes, les images et les mots au point d'être incapable d'y ajouter ce qui en ferait réellement un univers, n'a pas nécessairement besoin de s'appesantir durant la représentation sur les effets particuliers de ces mécanismes. Tous les autres films et produits culturels qu'il doit obligatoirement connaître l'ont tellement entraîné à fournir l'effort d'attention requis qu'il le fait automatiquement » (*La Production industrielle de biens culturels* [Adorno 1974, p. 135]).

En effet, fascinés par l'apparition du film parlant, les philosophes de l'École de Francfort voient dans le flux d'images et de sons un schématisme (au sens kantien) produisant mécaniquement ce que l'imagination devait réaliser elle-même pour donner un contenu à ses concepts. Le phénomène dénoncé est donc du même ordre que la déception que l'on ressent inéluctablement devant une adaptation cinématographique d'un roman que l'on a lu : l'imagination ayant construit les images (au sens large : toute figuration sensible) donnant un contenu aux mots, rentre en conflit avec ce qui est proposé à l'écran. Ainsi, au lieu de donner accès au sens et d'en produire comme l'écriture et la littérature, qui convoquent au partage de concepts mais non de sensations, le cinéma suspendrait tout travail de la pensée et de l'imagination. Il est incontestable que le cinéma, les objets temporels de manière générale, proposent un contenu à des concepts. Mais quels concepts ? Ce que près d'un siècle d'audiovisuel nous a appris, c'est que si la télévision et le cinéma schématisent, on ne sait pas très bien de quels concepts il s'agit. Certainement pas ceux formulés linguistiquement dans la bande-son, qui font partie du donné sensitif et non de son interprétation conceptuelle. Par conséquent, si l'imagination se trouve désœuvrée, l'interprétation est sollicitée. À travers les synthèses effectuées par la perception (le corps *propre*), les outils de lecture (magnétoscope ou des interfaces numériques), le sens se dégage, à chaque fois différent, à chaque fois nouveau.

L'écrit et le calcul

Les outils prescrivant un temps d'appréhension mobilisent un autre espace de présentation, celui à partir duquel le temps d'appréhension est reconstruit et prescrit à la conscience. Cet espace est celui du calcul, dont l'essence est de jouer du temps à partir de l'espace. Un algorithme n'est pas autre chose en effet que la prescription d'un déroulement temporel à partir d'un code consigné dans l'espace d'un calcul. C'est la raison pour laquelle l'émergence du numérique est si importante et doit être pensée spécifiquement : le numérique est l'aboutissement de cette classe d'outils dont l'essence est de prescrire le temps d'appréhension. Le numérique introduit donc une rupture avec les autres outils préexistants : alors que l'écrit prescrit et structure l'espace de présentation, le numérique aborde l'autre dimension de la connaissance, le temps d'appréhension. Il ne s'agit pas de dire que cela n'existait pas avant le numérique, comme en témoigne les techniques audiovisuelles, mais le numérique est l'aboutissement de cette classe de techniques, et en constitue l'essence même. C'est d'ailleurs pour cela que les technologies numériques sont si souvent présentées comme une rupture même si les prémisses et les principes sont présents depuis longtemps : avec le numérique, on dégage le principe même des techniques qui prescrivent le temps d'appréhension.

À présent, nous disposons des éléments permettant de structurer les classes de techniques et les modalités rationnelles associées. Il faut en effet distinguer les techniques prescrivant l'espace de présentation des techniques prescrivant le temps d'appréhension. Les premières relèvent de l'écrit, les secondes du calcul. Les premières donneront lieu à la raison graphique, les secondes à la raison computationnelle.

Inscription et numérique :
la raison computationnelle

Inscription, écriture, manipulation

Tout dispositif correspond à l'inscription d'une connaissance, avons-nous dit. La notion d'inscription est à prendre au sens large, pour signifier que la structure matérielle du dispositif, son organisation spatiale, commandent l'action et son déroulement temporel. Cette action peut être physique ou intellectuelle. Quand elle est intellectuelle, cela signifie que le dispositif commande un flux de conscience qui tend à reconstruire le message et l'intention de communication dont le dispositif est l'inscription, le support. Nous avons déjà mentionné de tels dispositifs dans le chapitre précédent quand nous avons parlé de contenus. Un contenu est donc un dispositif dont la mise en œuvre est la compréhension et l'interprétation d'un message, d'une adresse.

Les contenus sont élaborés selon des principes techniques particuliers qui exploitent les ressources des supports et des codes ou formats permettant de les considérer comme relevant du langage et appelant donc l'interprétation. Un système technique permettant de produire des contenus s'appelle une écriture.

L'écriture, comme système technique, se caractérise comme tout dispositif à partir des trois cohérences que nous avons distinguées. Au niveau de la cohérence interne, l'écriture est une syntaxe, un jeu de symboles et de signifiants disposés de manière à commander une lecture qui en soit la conséquence nécessaire : l'écriture linguistique par exemple peut se lire de manière orale, la voix exécutant ainsi le programme contenu dans l'objet écrit. L'écriture, au niveau de sa cohérence interne, est travaillée par la recherche d'une production de la lecture la plus systématique possible et la plus automatique possible. Cela aboutit à la réécriture automatique, quand l'écriture est suffisamment formalisée pour se réécrire elle-même, à la manière d'un programme exécuté informatiquement. La recherche de la nécessité implique alors d'éliminer tout recours à la variabilité interprétative due à la prise en compte du contexte notamment. Mais l'écriture, toujours au niveau de la cohérence interne, est également la recherche de la compréhension de son fonctionnement symbolique propre, de l'exploration de la calculabilité. La calculabilité n'est pas seulement un moyen de maîtrise et de contrôle, mais aussi de recherche d'intelligibilité et de compréhension du monde. On retrouve donc la tension de l'arraisonnement *versus* émancipation : arraisonnement de la lecture d'un côté, découverte du calcul et du formel de l'autre.

Au niveau de la cohérence concrète, l'écriture se matérialise par des supports physiques présentant des objets signifiants à la lecture. Dès lors intervient le couplage du lecteur et du contenu qui instaure les conditions pratiques de la lecture, au niveau de la posture corporelle, des possibilités de manipulation effective du contenu, des réécritures que ces pratiques entraînent. Par exemple, comme l'expliquent les historiens de la lecture, lire un *volumen*, nécessitant d'avoir les deux mains prises pour tenir les rouleaux, ne facilitait pas la prise de notes ni la navigation au sein même du livre, ce que permettra plus tard le *codex*. Il en résulte des conditions d'interprétations différentes et par conséquent des rapports distincts au savoir. L'écriture peut se faire à ce niveau utilitaire et gestionnaire, pour « optimiser » la lecture selon des effets et des objectifs prédéfinis, ou au contraire se faire artiste, en explorant par la calligraphie, la variabilité des supports, une esthétique toujours renouvelée des contenus donnant lieu à la découverte de nouveaux registres du sens.

Finalement, la cohérence externe permet de voir l'écriture comme expression d'autrui, comme expression des systèmes de valeurs de la société dans son ensemble. À ce stade, le contenu s'interprète non pour lui-même mais par rapport aux différentes perspectives sémantiques qu'il ouvre à travers l'adresse qu'il transmet *via* son format et son codage. L'écrit, le contenu, peut arraisonner autrui, comme on le voit trop souvent avec les utilisateurs des systèmes d'information qui sont commis à l'alimenter. Dans ces systèmes l'utilisateur fournit des données dont le sens viendra du système lui-même et non de lui. Mais, dans un cas contraire, l'utilisateur participe à la construction de l'écrit, comme dans la lecture littéraire en général et comme le montre de manière très suggestive la littérature électronique [*Bouchardon* 2009].

Au cœur de ces trois cohérences de l'écriture, à l'instar de tout dispositif technique, se trouve la manipulation. En effet, l'écriture est un système de codage, mobilisant des unités que l'on peut assembler pour constituer des contenus. La syntaxe précise les assemblages licites, la sémantique la signification qu'on peut leur prêter. Mais au-delà de la syntaxe, qui ne fait que marquer la différence entre le permis et l'interdit, on peut considérer deux manières d'assembler les symboles en contenus : la première, la plus habituelle, est le fait d'un auteur, qui assemble les unités en fonction du sens qu'elles sont pour lui et de son projet ou intention, voire de son intuition qui peut rester parfois fort vague, l'intention se précisant lors même de l'acte d'écriture ; la seconde, qui transforme la syntaxe en règles de production, repose sur la production automatique des contenus. Dans un cas, l'auteur manipule ; dans l'autre cas, l'écriture se manipule elle-même, par ses propres règles. Dans le premier cas, la manipulation permet à l'auteur, et aussi au lecteur, de construire son projet ou son interprétation, la manipulation est une condition d'individuation du sens. Dans le second cas, la manipulation n'est pas une individuation, mais une exécution.

La production automatique peut aboutir à des contenus pertinents et signifiants, quand la syntaxe est suffisamment précise et les significations visées suffisamment simples pour être assumées par les règles de production. C'est ce qu'on trouve dans nos bases de données, langages de programmation. Mais on peut avoir des contenus produits automatiquement avec des sens imprévus, improbables, incompréhensibles, voire des contenus insensés. Ce double jeu entre production automatique et interprétation décalée se rencontre souvent dans les explorations artistiques, notamment l'*Oulipo*, où la manipulation quasi calculatoire des unités de l'écriture permet d'explorer ses effets de lecture improbables et imprévisibles.

La manipulation constitue donc le cœur même de l'écriture et des contenus et c'est le changement du statut de la manipulation entre le graphique et le computationnel qui amène à s'interroger sur leurs conséquences cognitives éventuellement distinctes. Il convient donc de s'appesantir un peu plus sur cette notion de manipulation.

Manipulation et interprétation

Par « manipulation », il faut entendre le sens étymologique de se saisir des choses avec les mains : comprendre le monde, c'est agir sur lui avec nos mains car c'est à travers cette agitation manuelle, cette « manipulation » que le monde s'offre à nous en éléments dont nous pouvons nous saisir et qui par conséquent revêtent un sens pour nous. La manipulation est donc la condition de possibilité pour l'interprétation et la compréhension : pour comprendre, il faut manipuler.

La manipulation poursuit un mouvement d'intériorisation et d'extériorisation. Le mouvement d'intériorisation correspond au fait que des opérations effectuées par une manipulation effective peuvent être reproduites mentalement, à l'aide de notre esprit, de notre imagination et de notre corps propre. On en a des exemples avec l'apprentissage de la lecture ou de l'arithmétique où l'enfant se saisit manuellement d'objets mobiles représentant des lettres ou des nombres et reproduit par les assemblages constitués de mobiles et les manipulations effectuées l'ordre théorique recherché. Cet apprentissage ontogénétique posséderait son équivalent phylogénétique : l'humanité aurait acquis le langage par l'intériorisation de la manipulation d'objets concrets matériels investis de sens, c'est-à-dire possédant un fonctionnement sémiotique et renvoyant à des référents ou des significations.

En retour, le mouvement d'extériorisation consiste à démultiplier nos capacités de manipulation en dotant la main de prothèses et d'outils permettant de prolonger, renforcer et adapter son fonctionnement à une manipulation d'objets donnés. Instrument universel, la main est donc sous-fonctionnelle dans chaque cas particulier. C'est la raison pour laquelle il convient de se doter d'outils spécialement adaptés à la configuration des choses ou objets à traiter. Mais la manipulation se prolonge également par des systèmes techniques où ni le corps ni la main n'interviennent directement, fût-ce à travers des prothèses. L'outil ne prolonge pas mais remplace la main, si bien que le système technique « représente » une manipulation donnée qui est incommensurable à une manipulation d'objets matériels au sens strict. Les « interfaces » ont alors pour but de représenter dans les termes d'une manipulation directe la manipulation indirecte effectuée par le système technique.

Mais, que ce soit à travers une manipulation prolongée (prothèse), ou une manipulation substituée et représentée (interface), dans les deux cas, la technique permet de dégager des éléments nouveaux, des combinatoires inédites, des configurations matérielles nouvelles qui, résultats et conditions d'actions humaines, se font signifiantes : leur signification est une élaboration et une construction que le faire technique patiemment effectue à travers ses manipulations. La technique devient alors le support d'ouverture du sens en déployant nos possibilités d'action. Les éléments dégagés par ces manipulations techniques, les combinatoires et lois qu'elles vérifient peuvent alors être intériorisées pour donner lieu à de nouveaux espaces de pensée intérieure et d'imagination.

Il y a donc de permanents mouvements corrélés d'intériorisation et d'extériorisation, sans qu'il soit vraiment possible de déterminer le primat de l'un sur l'autre. Notre esprit est à la fois le principe et la conséquence de la genèse technique sans qu'un premier terme soit assignable : l'homme est devenu homme parce qu'il s'est doté d'une technique, ou bien a-t-il développé une technique parce qu'il est devenu homme ? Toujours est-il que l'évolution a « sélectionné » une espèce dont le programme génétique permet l'intériorisation cérébrale de gestes techniques, ce qui pourrait plaider pour un primat de l'hominisation sur la genèse technique qui n'en serait alors que la conséquence (l'homme se dote d'une technique parce qu'il est déjà devenu un homme) ; mais, *a contrario*, la sélection naturelle a retenu l'espèce possédant une technique, ce qui plaide plutôt pour un primat de la genèse technique sur l'hominisation (l'homme devient homme parce qu'il se dote d'une technique). Autrement dit, posée en ces termes, la problématique du primat de l'homme sur la technique n'a pas grand sens, et ce qui compte est davantage leur couplage et leur co-évolution.

Il en ressort que la technique s'accompagne nécessairement de représentations, et que toute représentation s'accompagne de technique. En effet, toute représentation procède de l'intériorisation d'une manipulation technique, et toute manipulation technique est une extériorisation d'un projet qu'elle transforme d'ailleurs en lui donnant corps. Cette dialectique d'intériorisation et d'extériorisation est particulièrement importante pour les technologies intellectuelles où la manipulation ne porte pas sur des choses, mais sur des symboles de ces choses. Les technologies intellectuelles extériorisent comme des contenus nos représentations (inscription mentale) de la manipulation technique. Autrement dit, dans le va-et-vient de l'intériorisation et de l'extériorisation, il y a un changement de niveau d'abstraction : on part d'une manipulation matérielle et concrète d'élément, elle donne lieu à une inscription mentale (corporelle/cérébrale) qui la représente, cette inscription s'extériorise en une représentation externe qui n'est plus la manipulation initiale, mais son expression dans un langage sous la forme d'un contenu. Ces expressions sont elles-mêmes des objets techniques, et se manipulent pour elles-mêmes, embrayant à nouveau sur le jeu des intériorisations/extériorisations.

En plus du jeu simple où une technique de manipulation de choses se représente dans l'esprit, on a une technique de manipulation des représentations elles-mêmes : après une représentation de la technique, une technique de la représentation. Par exemple, nous avons des chiffres, symboles permettant de manipuler des nombres, qui externalisent notre représentation mentale construite par abstraction des manipulations et opérations de dénombrement. En effet, on sait que les premiers bergers, pour savoir s'ils avaient bien le même nombre de bêtes le soir que le matin, disposaient d'un sac de petits cailloux : au matin, à la sortie de l'enclos, le berger mettait un caillou pour chaque animal passant devant lui ; au soir, pour chaque bête entrant dans l'enclos, il sortait un caillou du sac : s'il en restait, c'est qu'un animal du troupeau manquait à l'appel. Ainsi, sans savoir compter, il pouvait dénombrer. En intériorisant cette opération, l'humanité s'est constitué des symboles mentaux représentant ces opérations qu'elle a pu ensuite externaliser sous la forme d'une écriture ; cette dernière permet à son tour de perfectionner ces techniques de dénombrement et de bâtir ce qui allait devenir l'arithmétique. C'est ainsi que l'écriture a permis par exemple d'avoir un rapport explicitement technique avec le langage d'une part, et la pensée d'autre part. L'écriture n'est certes pas un outil qui pense, mais bien plutôt un outil pour penser autrement.

L'écriture constitue une étape importante car elle permet d'exprimer sous forme de contenus l'abstraction dégagée des manipulations concrètes. Mais ces contenus pouvant eux-mêmes être manipulés, on peut les considérer à la fois comme des contenus à interpréter, et comme des objets concrets matériels à manipuler.

Les symboles physiques

Les contenus sont donc des entités hybrides : symboliques pour le sens qu'ils manifestent et transmettent, physiques par la manipulation dont ils peuvent faire l'objet. Ces deux aspects sont liés et distincts : liés car pour interpréter, il faut manipuler. En lisant un texte, en écoutant un discours, notre appropriation sera d'autant plus fine et profonde que notre manipulation aura été systématique et précise. Mais ces aspects sont distincts dans la mesure où les règles et principes de la manipulation ne peuvent préjuger des interprétations qu'elles rendront possibles. Demeure une zone d'arbitraire entre la manipulation et l'interprétation qui n'est résorbée que dans les langages formels, où la manipulation est pensée pour l'interprétation, et l'interprétation réduite à la manipulation.

En se fondant sur cette hybridation, on pourra concevoir des systèmes mobilisant des contenus qui auront une efficace causale *via* la face physique des symboles que ces contenus mobilisent, et une interprétation intelligible pour nous *via* leur face symbolique. Nous en faisons l'expérience notamment à travers nos interfaces informatiques quand nous y exprimons des informations qui ont du sens pour nous, sous une forme écrite qui permettra, par sa nature matérielle, de déclencher des actions ou transformations au sein du système. Autrement dit, l'inscription symbolique, le contenu permet d'agir sur la matière en fonction du sens qu'il exprime en jouant sur son caractère hybride.

C'est pourquoi on a pu voir surgir au siècle dernier une mutation fondamentale dans notre technologie quand on a hybridé dans nos systèmes de pilotage et de commande deux types techniques jusque-là indépendants : les systèmes d'écriture (les technologies intellectuelles), les systèmes de production (les technologies matérielles). En effet, d'un côté on avait des savoir-faire portant sur les supports matériels, les codes qu'on pouvait y inscrire, mais la seule finalité restait l'expression, la transmission et la consultation de contenus. De l'autre, on avait des savoir-faire portant sur la transformation de la matière, les machines, les outils, et la seule finalité consistait dans l'action matérielle correspondante. Mais, en ayant un système qui se pilotait *via* un contenu qui exprime la commande qu'on lui donne, on fusionnait ces deux catégories : s'exprimer dans le monde des contenus revient alors à agir dans le monde de la matière.

Cette mutation a permis d'élaborer la cybernétique (qui a donné notre moderne théorie de la commande) et les théories de l'information (qui ont donné notre moderne informatique). La cybernétique, siège d'une première révolution, a permis de comprendre les systèmes physiques en termes d'information et donc d'envisager leur comportement en termes de contrôle et pas simplement de transformation d'énergie. Cette vision permet de comprendre comment la matière physique est en fait un contenu, et que l'information est présente matériellement dans les objets concrets qui nous entourent. Une seconde révolution, concomitante, s'est produite avec le formalisme hilbertien qui a permis de comprendre l'expression et la représentation comme une technique de manipulation formelle : cela donnera l'informatique, en particulier la théorie des langages et l'algorithmique. À ce niveau, on a compris en retour comment un contenu était en fait d'abord une expression matérielle manipulable qu'on devait décrire littéralement comme une combinatoire d'unités, certes potentiellement signifiantes mais considérées indépendamment de leur signification.

On a donc une convergence vers une compréhension assumée du caractère hybride de l'écriture et des contenus : d'une part on comprend comment la matière est en fait une écriture pour peu qu'on la considère comme l'expression et la transmission de l'information (cybernétique), d'autre part

on comprend comment l'écriture est en fait une matière concrète manipulable.

Le numérique : manipulation et calcul

Notre moderne compréhension du numérique résulte de
cette double origine et de cette convergence historique. Le
numérique devient le langage du monde pour l'exprimer et
pour y intervenir. Caractérisons plus précisément le numérique pour comprendre à la fois comment il incarne cet héritage et le sens qu'on peut lui donner.

Le numérique comme pure manipulation

Le numérique consiste dans le fait de s'appuyer sur un
système de signes comprenant d'une part un alphabet fini
(ou dénombrable) précisant la nature des signes considérés,
et d'autre part un ensemble de règles de combinaison permettant de manipuler ces signes. Deux propriétés sont ici
essentielles :
– les signes sont définis dans une double indépendance
vis-à-vis du sens : d'une part, ils sont définis indépendamment les uns des autres, ce sont des primitives ; d'autre
part, ils ne possèdent en eux-mêmes aucune signification
particulière. La seule chose qu'on demande véritablement
aux signes d'un tel alphabet, c'est d'être distincts les uns
des autres sans ambiguïté. Ainsi, la seule chose qu'on demande à un alphabet binaire (auquel on rapporte souvent le numérique, d'où son nom d'ailleurs), c'est d'avoir
deux unités distinctes : le 0 et le 1, un trou ou une bosse,
un signal électrique élevé et un signal inférieur, etc. ;

– les règles de manipulation sont formelles et mécaniques, dans le sens où il n'est pas nécessaire de les interpréter ou de les comprendre pour les appliquer, il suffit de les suivre à l'instar d'une machine qui exécute une commande : aucune ambiguïté, aucune dépendance au contexte ne doit empêcher l'application aveugle de ces règles.

On a donc ainsi une véritable *ascèse du signe*, où la numérisation revient à s'abstraire de toute signification pour se rapporter à une pure manipulation mécanique sur des signes vides de sens. L'essence du numérique, c'est en fait celle de tout calcul : ne consister qu'en une pure manipulation.

Mais que faut-il exactement comprendre par pure manipulation ? Selon nous, il faut l'aborder comme une double abstraction, une double indépendance. D'une part, le numérique ne se soucie pas de savoir en quoi, matériellement et physiquement, les signes de l'alphabet sont réalisés, que ce soit à travers les trous ou les bosses d'un support optique, les signaux électriques d'un disque dur, l'intensité magnétique d'une bande éponyme, on a toujours affaire aux mêmes signes. D'autre part, le numérique ne se soucie pas, dans sa manipulation, du sens que les signes peuvent véhiculer. Ainsi le numérique est doublement virtuel : il flotte au-dessus du matériel, indifférent à la matière dans laquelle il s'incarne, et il flotte au-dessus des sens qu'il peut revêtir, indifférent à l'interprétation qu'on en fera.

Le noème du numérique

L'essence du numérique, comprise comme manipulation et abstraction, nous amène à caractériser le « noème » du numérique, à l'instar de Roland Barthes qui évoque le noème de la photographie. En effet, Roland Barthes [*Barthes* 1980] parle du noème de la photographie alors qu'il cherche à cerner ce qui est supposé par la contemplation d'un cliché photographique. Or, la photographie consistant à faire coïncider le flux photonique émanant d'une réalité sur une pellicule (Barthes évoque la photo argentique, la seule qu'il connaissait à son époque), il existe une relation causale entre la photographie et ce qui est photographié : quand nous voyons une photo, nous savons que cette photo a nécessairement, causalement, coïncidé avec ce qu'elle montre. Roland Barthes, considérant une photographie d'un ancien grognard de Napoléon Ier, constate : je vois les yeux qui ont vu l'Empereur. Ce qui signifie qu'il existe une chaîne causale ininterrompue entre Napoléon Ier et lui, Roland Barthes, puisque l'image physique de l'Empereur a impressionné la pupille du grognard, pupille elle-même saisie physiquement par la pellicule, produisant une photo qui impressionne finalement la pupille de Roland Barthes. La reconnaissance de cette chaîne causale ininterrompue entre la réalité photographiée et la photographie contemplée, cette supposition à travers laquelle nous considérons toute photo, ce noème de la photographie est donc : « Ça a été. » Cette compréhension de la photographie est d'ailleurs partagée par de nombreux critiques qui voient dans son caractère indiciaire au sens de Peirce sa propriété essentielle : la photographie est par essence une conséquence causale de la réalité prise sur le vif plutôt qu'une ressemblance à cette dernière [*Dubois* 1990]. L'acte photographie repose donc plus sur son rapport causal au réel que sur sa ressemblance figurée ou représentée à la réalité.

Quel peut être le noème du numérique ? Ce que nous avons dit du numérique et de son essence implique que la numérisation d'un contenu le rend d'emblée manipulable. En outre, la possibilité de manipulation est co-originaire à la nature même du support numérique. En effet, il n'est pas possible de savoir si des manipulations ont déjà été effectuées ou non, si un contenu a été falsifié ou non. Le propre du calcul est que le contenu ne porte pas sur lui les traces de sa manipulation : il ne véhicule pas sur lui sa genèse ni les étapes de sa construction. Il y a une relative indépendance entre le résultat d'un calcul et le processus suivi pour l'obtenir, si bien que le résultat n'apprend que fort peu sur le programme qui a permis de l'obtenir. L'état binaire ou numérique d'un document ne permet pas de savoir comment il a été construit, par quelles opérations il a été réalisé. Le résultat d'un calcul ne permet pas de savoir de quelle nature est le calcul. Autrement dit, un document numérique n'a pas de mémoire. Il est d'emblée falsifiable et possiblement falsifié. Ainsi, l'essence du numérique, ce que, à l'instar de Roland Barthes, nous appelons le noème du numérique, est-elle : « Ça a été manipulé. »

Le numérique est manipulable et recombinable par essence ; tout ce que nous savons en considérant un contenu numérique, c'est qu'il résulte d'une reconstruction calculée et que notre lecture ou notre action va le recombiner. Le numérique, c'est le falsifiable et le toujours falsifié. Le numérique est ainsi davantage du côté de la peinture que de la photographie : en effet, la peinture repose toujours sur la médiation du peintre qui ne réplique pas à la manière d'un processus physique et causal ce qu'il voit en une peinture sur une toile : au contraire, il interprète ce qu'il voit, ce qu'il ressent, ce qu'il pense pour élaborer une représentation. Le numérique est analogue à un tel processus dans la mesure où la lumière photographiée est codée de manière arbitraire pour donner une représentation calculée et calculable. Certes, la photographie numérique reprend de sa devancière argentique ses applications (enregistrer ce que l'on voit) mais ses appareils intègrent dès la prise de vue des possibilités de retouche et de manipulation. De ce fait, notre confiance dans la photographie numérique ne peut plus reposer sur le fait d'être une conséquence naturelle, causale, du réel, mais seulement sur le fait de lui ressembler. Le numérique en général se caractérise ainsi comme une manipulation qui coupe d'emblée toute dépendance ou causalité à une réalité quelconque, en introduisant l'intermédiaire d'un codage arbitraire et d'un calcul.

La manipulation, qui constitue donc l'essence du numérique, est bien une transformation effective et matériellement objectivable. Mais cette transformation ne peut être considérée à partir de significations qui seraient associées aux symboles formels car, par définition, ils n'en possèdent pas. Le calcul ne peut donc que poser sa propre effectivité, sans poser quoi que ce soit d'autre.

La discrétisation implique qu'il y a une rupture effectuée entre le contenu et sa signification quand on rapporte le contenu à un système d'unités vides de sens. En elles-mêmes, ces unités ne signifient rien, ne disent rien, n'affirment rien. Ce n'est qu'à travers la médiation externe d'un modèle que les unités et les transformations syntaxiques qu'elles subissent peuvent endosser un sens. Par conséquent, le noème du numérique correspond au « ça a été manipulé » et à son aveuglement sémantique, qu'on peut gloser par un « ça ne veut rien dire ».

La tendance du numérique

Comprendre l'impact que peut avoir le numérique dans un domaine donné revient dès lors à savoir caractériser sa tendance technique. Si l'on demeure bien évidemment incapable de prédire l'avenir, il devient possible de l'anticiper dans le sens où l'on s'attend à une évolution des choses conforme à certaines contraintes ou propriétés des éléments intervenant dans cette évolution. Cette tendance trouvera à s'exprimer en fonction du contexte, des résistances ou des facilités qu'elle rencontrera dans l'environnement. Pour revenir à ce qui concerne le numérique, la tendance s'exprime en deux mouvements complémentaires :

– fragmentation/recombinaison : puisque le numérique repose sur la discrétisation et la manipulation, il en résulte que toute réalité touchée par le numérique sera réduite en unités vides de sens sur lesquelles des règles formelles de manipulation seront appliquées. La discrétisation fragmente la réalité considérée, la manipulation la recombine, fragmentation et recombinaison se faisant de manière arbitraire par rapport à la nature de la réalité considérée, à son sens ou à sa signification. Les unités auxquelles aboutit la discrétisation, les entités reconstruites par la recombinaison sont définies de manière totalement arbitraire par rapport à la nature des contenus considérés ;

– désémantisation/ré-interprétation : de même, la discrétisation implique une rupture avec la sémantique propre aux contenus manipulés. Il en résulte donc une désémantisation, une perte de sens, qu'il faudra gérer à travers un processus de re-sémantisation explicitement assumé. Sinon, la numérisation, comme on le voit très souvent aujourd'hui, est vécue comme une perte de sens, une montée de l'arbitraire technicien, au lieu d'être appréhendée comme la source de nouvelles possibilités techniques.

On trouvera un exemple de la tendance du numérique dans l'histoire récente des contenus audiovisuels. Le numérique a entraîné l'apparition d'applications qui exploitent les possibilités de fragmentation, permettant d'accéder à n'importe quelle unité arbitraire du contenu. On a ainsi vu émerger des applications permettant de manipuler les contenus audiovisuels à l'image près, puis on s'est intéressé à des séquences définies par l'utilisateur ou à des objets pris de manière arbitraire dans l'image, etc. Par ailleurs, on peut envisager une recombinaison qui reprendra ces éléments distingués et mobilisés par les outils numériques pour les exploiter dans de nouveaux contextes.

Si la fragmentation permet l'explosion du contenu en unités arbitraires, la recombinaison a tendance à recontextualiser les contenus de manière également arbitraire. Progressivement, les outils de gestion audiovisuelle ne permettront pas seulement de retrouver des contenus et de les rejouer dans leur intégralité, mais ils proposeront aussi de sélectionner des parties pour en faire des ressources pour d'autres productions. Autrement dit, on passe de l'*indexation*, qui a pour but de retrouver un contenu, à une *éditorialisation*, qui a pour but de produire de nouveaux contenus à partir d'éléments pris arbitrairement (c'est-à-dire comme l'on veut, et non pas au hasard !). On obtient donc les systèmes de Mam ou Dmam, acronymes désignant le *Multimedia Asset Management* ou *Digital Multimedia Asset Management*.

Le numérique devient désormais le principe technique des différentes écritures que nous permettent de façonner et exprimer nos contenus. En jouant sur le fait que le code numérique est à la fois une commande physique pour un système et une expression symbolique pour une interprétation, le numérique modifie profondément l'économie de nos supports, dispositifs de pensée et d'action.

Dans le contexte des technologies intellectuelles, le recours au numérique donne aux supports d'écriture une manipulabilité qu'ils n'avaient pas jusqu'alors. Modifiant les conditions sous lesquelles les contenus se manipulent, le numérique affecte le sens qu'on peut leur conférer à travers l'interprétation qu'on en fait. La question se pose alors de savoir si ces modifications remettent en cause les structures cognitives et les catégories conceptuelles à travers lesquelles nous pensons le monde et nous rapportons à lui. Nous traiterons cette question en deux temps : d'une part, nous aborderons la notion de raison graphique pour mettre en évidence qu'un régime de manipulation entraîne bien un type de conceptualisation particulier, d'autre part nous aborderons la raison computationnelle pour dégager ce que pourraient bien être les conséquences du numérique pour la pensée.

De la raison graphique
à la raison computationnelle

La raison graphique

L'écriture permet techniquement de réaliser ce que les trois synthèses kantiennes, décrites plus haut, effectuent.

En spatialisant la parole, l'écriture maintient présents les éléments qui la composent. Par la transcription symbolique (par exemple alphabétique), elle sélectionne ce qui est donné dans la perception sonore pour ne retenir que les phonèmes, indépendamment de la prosodie par exemple. Ainsi, dans ce cas particulier de l'écriture phonétique, le phonème est le concept permettant la transcription qui assure, dans l'espace de l'écriture, la permanence du donné phonétique. À ce moment, une autre perception est possible : par exemple, grâce au concept de « même forme lexicale », je peux rassembler dans l'espace de ma feuille les mots dispersés dans la transcription, mais accessibles simultanément, manifestant une même structure et constituant une catégorie que je peux alors objectiver. Par exemple « *rosa* », « *rosæ* », « *rosam* », « *rosas* » etc., me permettent de dégager un paradigme de déclinaison.

Autrement dit, l'écriture non seulement permet à l'esprit d'accomplir ce que Kant décrit dans ses trois synthèses, mais elle permet de constituer, au sens phénoménologique du terme, de nouveaux concepts.

L'écriture est une technique qui permet de proposer à l'esprit des configurations synthétiques nouvelles, ces configurations permettant de constituer de nouveaux concepts. On inverse alors l'ordre kantien : selon Kant en effet, je dois appréhender globalement l'intuition pour percevoir quelque chose, donc je dois reproduire dans l'imagination, donc je dois mobiliser un concept. Ce faisant, le concept (avec les autres structures *a priori*, en particulier l'espace et le temps) est la condition de l'appréhension synthétique, non son résultat. Mais, si la synthèse s'effectue par l'effectivité technique, elle n'est pas conditionnée par le concept, en tout cas pas par le concept qu'elle permet de constituer. Ainsi, si l'écriture correspond au concept de transcription phonétique, elle ne correspond pas au concept de grammaire et de déclinaison, qu'elle permet néanmoins de constituer. L'écriture, constituée à partir de la mise en œuvre d'une intention et d'une certaine conceptualité, permet d'en constituer et élaborer d'autres. Si on appelle « synthèse technique » le fait que la technique propose des configurations synthétiques nouvelles à l'appréhension de l'esprit, on peut dire que le concept est à la fois la condition mais aussi le résultat de la synthèse technique.

On retrouve ce que nous avons affirmé plus haut à propos de la technique dans le cas particulier de l'écriture. La technique permet, à travers la structuration qu'elle apporte à l'espace et au temps de notre expérience, de constituer de nouvelles connaissances et de nouveaux concepts. Loin de n'être que la simple application de théories ou concepts élaborés indépendamment d'elle, la technique est la condition d'élaboration des connaissances. Instrumentant notre expérience en méthodes répétables et outils prolongeant notre action, la technique transforme notre rapport au monde et nous amène à le penser différemment, à tel point que nous ne pensons pas seulement différemment un monde qui resterait le même, mais que nous constituons de nouveaux mondes, en plus ou moins grandes ruptures les uns avec les autres.

C'est ainsi que Jack Goody [*Goody* 1979, *Goody* 1985, *Goody* 1994] insiste sur le fait que l'écriture induit un mode de pensée particulier et un rapport au monde spécifique. Selon lui, l'écriture permet de constituer trois types principaux de structures conceptuelles, conditionnant notre mode de pensée. Ce sont la liste, le tableau et la formule.

La liste permet de délinéariser le discours pour en préle-ver des unités que l'on ordonne ensuite dans une énuméra-tion. La liste rassemble dans une même unité ce qui est dispersé dans le discours : elle induit par conséquent un clas-sement et une catégorisation. Faire des listes, c'est choisir de consigner un item parmi d'autres en considérant qu'ils ont quelque chose à faire ensemble : ils appartiennent à une même classe, à une même catégorie. En favorisant la structure de liste, l'écriture induit un rapport au monde qui procède de la raison classificatoire : penser le monde, c'est l'organiser en classes et hiérarchies, c'est l'ordonner et le ranger. Le monde de l'écriture, c'est le cosmos des antiques, comme univers (au sens de totalité, *universum* renvoyant à l'ensemble des choses considérées globalement) organisé, cohérent et har-monieux. On sait en effet que *kosmos* signifie originellement « ornement » et a donné le « cosmos » de « cosmologie » mais aussi celui de « cosmétique » [*Brague* 1999]. Cet univers har-monieux serait-il un artefact de l'écriture alphabétique ? C'est une hypothèse suscitée par les possibilités classificatoires in-duites par les listes que l'écriture permet de constituer.

Le tableau est le fait de représenter un ensemble de rap-ports entre des unités à travers leur position respective selon les deux dimensions de l'espace de l'écriture : être à gauche ou à droite, être au dessus ou au dessous, sont les deux types de relations spatiales qui permettent de mettre en relation séman-tique les unités ainsi disposées. Dans un tableau, l'unité occu-pant une case prend une signification déterminée, à tout le moins conditionnée, par la position de la case dans le tableau. Le mode de pensée induit par le tableau est alors le système : un tableau spécifie des relations entre les cases, et permet par exemple de prévoir *a priori*, de manière systématique, la valeur devant occuper une case, du fait de la position de cette dernière. L'exemple le plus fameux est sans doute le tableau de Mendeleïev de la classification des éléments, dont la systématicité a permis de prédire, lors de sa formulation, que de futurs éléments (comme l'uranium) devaient être trouvés.

Enfin, la formule. La formule est un procédé permettant de mener des raisonnements en fonction seulement de la forme, sans avoir à prêter attention à la signification. La forme prenant en charge dans sa structure ce qu'il faut retenir des significations considérées, il suffit alors de manipuler la forme pour mener à bien les raisonnements sur le contenu ou la signification. C'est ce qui est à la base de la logique formelle et plus généralement des mathématiques. Le problème n'est pas tant le fait de savoir si le formalisme permet de mener le raisonnement indépendamment du contenu, ce dernier pouvant même être remis en question (existe-t-il vraiment ?), que le fait de pouvoir se fier à la forme pour mener à bien et à son terme le raisonnement.

Se fier à la forme est l'attitude qui fonde tous les formalismes, notamment ceux qui seront à l'origine de l'informatique et du numérique. Le formalisme, issu de la structure de formule rendue possible selon Goody par l'écriture, a permis d'engendrer l'idée de systèmes automatiques manipulant des signes formels : une écriture formelle automatique, qui s'écrit en quelque sorte toute seule. Cette idée a engendré l'informatique, technique permettant de manipuler automatiquement les inscriptions symboliques, qu'elles représentent des nombres, des lettres, ou n'importe quoi d'autre. De la même manière que l'écriture a permis d'engendrer un mode particulier de pensée, la question peut être posée de savoir si on peut constater un phénomène semblable avec l'informatique et le numérique : en quoi le recours à des représentations calculées induirait-il une rationalité particulière ?

La raison computationnelle

Nous aborderons cette question sous deux angles. D'une part, quel serait l'apport cognitif ou phénoménologique du calcul formel et de l'informatique à la connaissance, à l'instar de l'écriture qui propose une synthèse synoptique spatiale de ce qui est dispersé dans le temps ? D'autre part quelles seraient les structures de pensée fondamentales suscitées par l'informatique, à l'instar de ce que sont la liste, le tableau et la formule pour l'écriture ?

Si l'écriture permet la synthèse du temps dans l'espace, en permettant que ce qui est dispersé dans le temps (flux de la parole) soit rassemblé dans l'unité d'une représentation spatiale synoptique, offrant au regard de l'esprit la possibilité de repérer des configurations synthétiques constituant de nouveaux concepts, l'informatique permet le déploiement de l'espace en temps. En effet un programme n'est pas autre chose qu'un dispositif réglant un déroulement dans le temps, le calcul ou l'exécution du programme, à partir d'une structure spécifiée dans l'espace, l'algorithme ou programme. L'algorithme spécifie que, les conditions initiales étant réunies, le résultat ne peut manquer d'être obtenu, selon une complexité donnée. Le programme est donc un moyen de certifier l'avenir, d'en éliminer l'incertitude et l'improbable pour le rapporter à la maîtrise. Le temps de l'informatique n'est donc pas une disponibilité à ce qui va venir, aussi improbable que cela puisse être, mais la négation du futur dans son ouverture pour le réduire à ce qui peut s'obtenir à partir du présent. Le calcul, c'est le devenir dans l'ouverture, la disponibilité à l'être, réduit à ce qui est à-venir, dans la certitude de la prévision formalisée.

Le calcul instaure une espèce d'équivalence ou correspondance entre temps et espace : le temps devient celui qui est nécessaire à l'exploration systématique d'un espace de calcul, comme parcours de tous les cas possibles d'une combinatoire ; l'espace devient l'espace qu'il faut parcourir en un certain nombre d'étapes, spécifiées par le calcul. Mais l'espace et le temps sont duaux : l'espace est celui que l'on peut parcourir à travers les étapes du calcul ; le temps, ce sont les étapes nécessaires au parcours de l'espace.

Dans ces conditions, quelle est la fonction cognitive du calcul correspondant à la spatialisation synoptique de l'écriture ? Nous proposons la notion d'exploration systématique. Le calcul, c'est ce qui permet de parcourir systématiquement un espace de possibles. Ces possibles sont possibles en tant qu'ils sont calculables, et le calcul les parcourt pour les examiner et leur appliquer un critère donné. C'est cette notion d'exploration systématique qui permet de dériver les structures conceptuelles caractéristiques d'une raison computationnelle. Nous proposons de considérer les notions de programme, de réseau et de couche.

Le programme est à la raison computationnelle ce que la liste est à la raison graphique. Alors que la liste permet de catégoriser et de classifier, d'offrir une synopsis spatiale, le programme permet de spécifier un parcours systématique : l'exécution du programme n'est alors que le déploiement temporel de la structure spatiale symbolique qu'est le programme.

Le réseau est à la raison computationnelle ce que le tableau est à la raison graphique. Alors que le tableau propose une structuration et une systématicité entre les contenus répartis dans les cases du tableau, le réseau propose un mode de communication et répartition entre les cases du tableau. C'est un tableau dynamique.

Enfin, la couche est à la raison computationnelle ce que la formule est à la raison graphique. La formule permet en effet de considérer la forme abstraction faite du contenu : la couche permet de considérer des relations calculatoires entre des unités, abstraction faite de ce que recouvrent des unités – notamment des calculs sous-jacents impliqués. La notion de couche en informatique, *via* celle d'implantation et de compilation, permet de représenter les structures formelles en faisant abstraction des calculs élémentaires induits, comme la formule permet de s'abstraire du sens.

Raison graphique	Raison computationnelle
Liste	Programme
Tableau	Réseau
Formule	Couche
Schéma	Maquette numérique

Ces structures cognitives sont fondamentales et affectent désormais nos modes de pensée. La raison graphique a produit la raison classificatoire, la raison computationnelle produit la pensée en réseau et le temps de la prévision. Pour une raison graphique, le réseau n'est pas une structure de l'intelligible : le réseau, échappant à la synopsis spatiale de fait de sa complexité, est un labyrinthe où l'on se perd. C'est une figure de l'irrationnel, et non une manière de penser le monde. L'interaction et la communication selon la structure des réseaux sont devenues intelligibles car le calcul permet de réduire la complexité et de parcourir l'ensemble des possibles induit par les réseaux et par les programmes qui en spécifient le comportement.

De même, la notion de couche est une manière de réduire la complexité et de rapporter une masse quasi infinie de calculs formels à des structures plus intelligibles pour l'être humain. Les structures en réseau et en couche, *via* les programmes qui les réalisent et les rendent effectives, permettent d'aborder le réel non comme une structure hiérarchisée et organisée en classes, mais de le considérer comme une dynamique déployant une rationalité et un ordre sous-jacents : le monde n'est que l'exécution de programmes qui temporalisent les relations qu'ils spécifient. Non pas qu'il faille sous-entendre qu'il y ait un seul programme sous-jacent, mais au contraire que plusieurs ordres interagissent ensemble. Ces interactions n'étant pas forcément prédictibles ni cohérentes, il faut alors en rechercher le programme et reconduire la recherche d'un ordre calculé. Si la taxinomie des espèces peut être une illustration de la pensée induite par la raison graphique, le code génétique est celle de la pensée induite par la raison computationnelle.

Enfin, le schéma. Curieusement, la raison graphique n'en parle pas, restant sans doute seulement concernée dans un premier temps par le rapport à la langue. Mais on peut cependant introduire le schéma dans l'horizon ouvert par le graphique et par sa reprise dans le numérique. Le schéma est une structure qui représente de manière matérielle un concept. De manière plus précise, le schéma est la représentation matérielle et spatio-temporelle *minimale* d'un concept. En effet, l'objectif est de montrer de manière perceptible et sensible le contenu d'un concept et de faire appréhender ce concept par l'intermédiaire de sa schématisation. Mais un schéma, pour être sensible, perceptible et matériel, n'en est pas pour autant un objet « naturel » de la perception ordinaire. On peut s'en rendre compte si on compare les schémas et les photos : autant pour un néophyte une photo anatomique (viscères par exemple) est généralement inintelligible, autant le schéma sera le moyen adéquat pour lui montrer les concepts qu'il doit maîtriser. Si la réalité virtuelle s'empare désormais des supports pédagogiques ou scientifiques, il est bien clair qu'il ne s'agit pas de réalité (on ne peut pas se laisser prendre une seconde par le fait que ce que l'on voit soit réel), mais de schématisation de la réalité au service d'un discours et d'un concept : ce que l'on voit, c'est la mise en scène d'un contenu conceptuel ou d'une idée. La maquette numérique[1] reprend cette approche en lui ajoutant le calcul qui permet de simuler, par son exécution, l'objet visé.

1. Une maquette numérique est un objet informatique représentant l'objet que l'on est en train de concevoir. Les outils informatiques permettent d'interagir avec lui et de simuler son comportement. On peut ainsi le visualiser en trois dimensions, tester sa résistance en appliquant un modèle de choc sur les données de la maquette, etc.

De même, on sait bien qu'il ne s'agit pas de réalité, puisque souvent elle n'existe pas encore, mais d'une simulation qui donne à voir et à sentir ce qu'il faut comprendre.

Vers de nouvelles apories

Le numérique serait ainsi la source possible pour de nouvelles connaissances, de nouvelles manières de penser. Mais il est également l'origine de nouvelles opacités, de nouvelles incapacités à penser. En particulier, le numérique modifie les conditions d'intelligibilité des dispositifs qui proposent des synthèses à la pensée qui peut s'en emparer. Le numérique repose sur l'exploration systématique, la combinatoire qu'implique la manipulabilité qu'il incarne. Or, cette combinatoire engendre une inintelligibilité, une incapacité à comprendre, et ce pour deux raisons. D'une part, le calcul repose sur des symboles vides de sens : cette ascèse du signe numérique implique qu'il est parfois très difficile de réinvestir après coup les méandres de la combinatoire pour leur conférer une intelligibilité et comprendre la genèse du résultat produit. D'autre part, les machines matérielles exécutant les calculs, puisque ces derniers, grâce à la face physique des symboles et aux règles mécaniques de leur manipulation, peuvent être totalement assumés par des artefacts, sont de plus en plus rapides (comme le souligne la fameuse loi de Moore) et de plus en plus compliquées (nombre de données mobilisées, nombre de calculs élémentaires réalisés, etc.). Il est de fait impossible de comprendre le résultat, sauf à en saisir les principes globaux et à faire confiance au mécanisme pour les étapes locales.

Si bien qu'on arrive à une mutation de la raison qui doit apprendre à se saisir de résultats comme émanant d'oracles qu'il lui faut rationaliser. Or, on voit bien qu'aujourd'hui, ce travail reste encore à faire. Des crises provoquées par des ordinateurs emballés sur des modèles utilisés hors de leur périmètre de validité à la complexité des calculs exécutés en temps réels à l'échelle de la planète, nous sommes confrontés à une crise du sens car nous sommes pris de vitesse par la production symbolique de nos outils.

De manière paradoxale, la raison computationnelle se manifeste davantage par son absence que par ses promesses. Car si en droit on peut attendre du programme, du réseau, de la couche que notre pratique des outils numériques dégage de nouvelles figures de la rationalité, en fait, il faut bien constater notre déréliction dans un monde emporté par la décision calculée en temps réel.

Conclusion

LA TECHNIQUE reste donc fondamentalement ambivalente, porteuse d'émancipation, inventant les possibles, ou au contraire réduisant son environnement à n'être qu'un milieu conditionné pour optimiser son fonctionnement et son efficacité. Cette tension est au cœur même de la technique et ne peut être éliminée ni dépassée. Si l'arraisonnement par la technique est dépassé au profit d'un usage libre et sans contrainte de ses dispositifs, on perd alors leur technicité même, ce qui fait d'eux des objets techniques : en effet, tout dispositif est un agencement de contraintes et de règles qu'il faut respecter pour que le dispositif se comporte selon la nécessité qu'on attend de lui. Supprimer ces contraintes, c'est supprimer la technique. Si, dans une démarche inverse, on laisse la tendance arraisonnante s'exprimer sans frein, la technicité s'étend à son environnement et ses utilisateurs et l'on perd également la technicité, puisque cette dernière consiste aussi dans l'agencement inédit et improbable de ses éléments qui aboutit à de nouvelles configurations pour l'usage et l'interprétation. La technique n'est plus discernable de la nécessité naturelle et son invention, reposant sur le dépassement de la nécessité naturelle, disparaît. L'arraisonnement pur est la mort de la technique. L'arraisonnement par les contraintes du dispositif est tout autant au cœur de la technique que leur détournement au profit d'usages les circonvenant ou de nouveaux dispositifs les dépassant. L'invention des possibles et l'arraisonnement du réel sont les conséquences nécessaires d'un même processus, le dispositif, ainsi que ses conditions mêmes de possibilité.

La technique ne pourra donc jamais être seulement diabolique dans ses conséquences pour l'homme ni salvatrice par les perspectives qu'elle lui offre. L'enjeu n'est donc pas d'éliminer une face pour l'autre, mais de maintenir la tension pour que les deux tendances se voient constamment contrées l'une par l'autre. Or, une telle tension ne peut être préservée que si le dispositif est maintenu dans un régime d'altérité vis-à-vis de son environnement, si son environnement n'est jamais seulement son milieu. La tension est féconde et maintenue quand le dispositif rencontre un environnement qui n'est pas seulement fait pour lui, ni par lui. C'est par l'affrontement ou la confrontation avec ce qui s'oppose à un prétendu fonctionnement idéal que le dispositif exprime à son plus haut niveau la régularité qu'il permet et les possibles qu'il suggère.

Cette tension est particulièrement importante pour les utilisateurs des dispositifs. Afin de l'entretenir, il est nécessaire que les êtres humains ne se définissent pas seulement comme les utilisateurs d'un système technique, mais comme étant situés au cœur d'un ensemble de systèmes plus ou moins indépendants et cohérents. C'est en opposant son rôle pour un dispositif à un autre rôle vis-à-vis d'un autre dispositif qu'un individu est naturellement en posture de négocier et de composer entre l'aliénation requise par chaque dispositif et l'ouverture permise par son détournement.

Il en résulte que la menace sans doute la plus importante réside finalement dans la totalisation du système technique contemporain, quand cette totalisation empêche toute altérité entre les différents systèmes techniques et donc toute friction permettant l'interprétation et la négociation du sens avec les outils et entre les humains. La totalisation est pourtant souvent présente dans la structuration de notre univers actuel, quand le système technique se traduit par une industrialisation de la production, de la consommation et finalement de la culture. Ce que nous pensons et désirons serait alors le corrélat, le milieu de fonctionnement du système technique devenu total.

La totalisation est devenue clairement palpable avec les technologies de l'information qui ont permis la complexité des traitements et la quasi-instantanéité de leur exécution et de leur transmission. Entre les calculs qu'on ne peut saisir de fait de leur complexité et rapidité, et leurs conséquences qui se constatent dans les systèmes techniques mondiaux (notamment financiers, mais aussi sécuritaires et économiques), nous vivons une crise de l'intelligibilité. Simples jouets de ses systèmes qui possèdent désormais une logique propre de calcul qui échappe même aux concepteurs, nous nous vivons de plus en plus comme cernés par la menace de la totalisation technique et informationnelle. Cependant, comme nous l'avons également montré, le numérique introduit une mutation dans nos structures cognitives et conceptuelles : ces technologies affectant les supports d'inscription des contenus, et pas seulement des connaissances comme peut le faire tout dispositif par principe, elles ont un impact sur nos manières de penser. Faut-il pour autant évoquer une mutation dans notre rationalité ? Passons-nous d'une raison graphique à une raison computationnelle ? Nous pensons que c'est le cas. Mais le fait même que cette question se pose, indépendamment de la réponse qu'on sera à même de donner, montre que le numérique est aussi porteur d'un élargissement du sens et de nouveaux possibles authentiques qui n'étaient pas envisageables ni pensables sinon. Totalisation informationnelle ou mutation cognitive, telle est la tension propre au numérique.

La menace de l'achèvement de la totalisation n'est pas en soi une certitude. Car avec la totalisation vient la complexité. Les comportements individuels suscités par les dispositifs ne cessent de s'hybrider et de se croiser, le comportement d'un individu restant largement imprévisible malgré les catégories que les agents de la totalisation élaborent, que ce soit à travers les enquêtes d'opinion ou les actions de marketing.

Cette menace est souvent d'autant plus fortement ressentie que nous avons vécu et vivrons nécessairement encore une accélération de l'innovation technologique et un changement assez profond de notre environnement. En quittant un régime technique qui mobilisait son propre équilibre pour faire jouer la tension, nous en abordons un nouveau, largement façonné par le numérique, qui confronte les individus à un dilemme selon lequel soit on adopte les nouveaux outils, mais notre absence de culture liée à l'usage de ces derniers nous livre inermes comme de simples exécutants ou jouets de ce système technique, soit on rejette ces outils mais on s'exclut alors d'une partie de la société. Comment se fondre dans la mutation technologique sans en être pour autant le jouet ?

Il apparaît nécessaire de pouvoir construire une culture à l'aide de ces nouveaux outils numériques, de ce contexte technologique contemporain. Cette culture exige à la fois de comprendre ces outils et de saisir les possibles qu'ils permettent. Si on considère le geste artistique, ce dernier repose souvent sur une connaissance assez approfondie des objets techniques, tant de leur fonctionnement interne que de leur usage. Mais c'est pour construire autre chose que la finalité première affichée par un outil. La technique exige plus que jamais ses artistes qui contribuent à la construction d'une culture, d'une civilisation qui ne se pensent pas comme un rejet de la technique mais comme un dépassement perpétuel de celle-ci.

Nous sommes encore trop englués dans une culture qui s'est construite autour d'outils techniques aujourd'hui dépassés (c'est-à-dire existant encore mais sous une autre forme) ou abandonnés. Cette culture s'est appuyée sur les techniques de l'écriture pour donner les disciplines intellectuelles ou littéraires et sur les techniques de transformation pour donner nos industries et sciences de l'ingénierie. C'est par la technique que cette culture a pu produire tant de joyaux que beaucoup citent pour s'opposer à la technique. Mais l'opposition qu'ils voient n'est en fait qu'un décalage dans leur appropriation culturelle de la technique. La technique qu'ils ne voient plus permet des objets qu'ils revendiquent comme non techniques, indépendant de leur genèse technicienne. Entre la technique du passé qu'ils ne saisissent plus et la technique contemporaine qu'ils ne comprennent pas encore, les critiques de la technologie construisent un débat factice entre l'homme, supposé dans sa nature être non technicien, et la technique. Et pourtant, pourrait-on parler de littérature si on ne disposait pas de l'invention technique de l'écriture ?

Puisque nous vivons une mutation importante du fait des technologies de l'information, il est urgent de permettre la constitution d'une civilisation du numérique. Aux quelques alphabétisés du numérique il faudrait ajouter des lettrés et des artistes du numérique pour explorer tant l'expression du sens que sa transmission dans ce nouveau cadre technologique. Lettrés et artistes du numérique seraient ainsi au principe même du maintien de la tension technicienne, opposant à l'arraisonnement les constructions inédites qu'il permet néanmoins.

Mais probablement cela ne peut suffire en soit. Comme nous l'avons noté, l'une des dimensions de la technique est le politique : le débat argumenté et raisonné pour décider du bien commun, selon les possibles compris et les contraintes recensées. Si le lettré et l'artiste permettent de comprendre les dimensions du sens ouvertes par la technique, le politique réintroduit dans le débat collectif l'avenir à construire puisqu'il ne peut être programmé. Entre une téléologie des idéologies qui n'est heureusement plus tenable, et une production calculée de l'avenir par la technique, il nous reste à reconstruire une politique de nos choix techniques et sociaux. Les difficultés actuelles (débat sur la bio-éthique, les nouvelles énergies, le développement, etc.) montrent que nous n'en sommes qu'aux balbutiements. Mais, est-ce vraiment une surprise, ce sont plus que jamais l'artiste et le politique qui sont les garants de la tension technicienne, celle qui maintient les extériorités entre les différents systèmes techniciens, permettant confrontations et négociations. La tension technicienne doit rester le moteur de notre histoire sans en être ni la fin ni la raison.

Bibliographie

Adorno, T. A., & Horckheimer, M. (1974). *La Dialectique de la raison* (trad. É. Kaufholz), Paris, Gallimard.

Aristote, (1965), *Éthique de Nicomaque* (trad. J. Voilquin), Paris, Garnier-Flammarion.

Assoun, P.-L. (1987), *L'École de Francfort*. Paris, PUF.

Aubenque, P. (1963), *La Prudence chez Aristote*, Paris, PUF.

Aubenque, P. (1990), *Le Problème de l'être chez Aristote*, Paris, PUF.

Bachimont, B. (1996), *Herméneutique matérielle et Artéfacture : des machines qui pensent aux machines qui donnent à penser ; critique du formalisme en intelligence artificielle*, Thèse de doctorat d'épistémologie, École Polytechnique.

Bachimont, B. (2000). « L'Intelligence artificielle comme écriture dynamique : de la raison graphique à la raison computationnelle », in J. Petitot & P. Fabbri (eds.), *Au nom du sens*, Grasset, p. 290-319.

Barthes, R. (1980), *La Chambre claire : note sur la photographie*, Paris, Gallimard-Seuil.

Baudet, J. (2003), *De l'outil à la machine : histoire des techniques jusqu'en 1800*, Paris, Vuibert.

Bloch, M. (1935), « Les Inventions médiévales », *Les Annales d'histoire économique et sociale*, 36.

Bottéro, J. (1987), *Mésopotamie L'écriture, la raison et les dieux*, Paris, Gallimard.

Bouchardon, S. (2009). *Littérature numérique : le récit interactif*, Paris, Hermès Science Publications.

Brague, R. (1999), *La Sagesse du monde : histoire de l'expérience humaine de l'univers*, Paris, Fayard.

Callon, M., Lascoumes, P., & Barthes, Y. (2001), *Agir dans un monde incertain : essai sur la démocratie technique*, Paris, Seuil.

Certeau, M. d. (1990), *L'Invention du quotidien 1 : arts de faire*, Paris, Gallimard.

Chartier, R. (1997), *Le Livre en révolutions*, Paris, Textuel.

Debray, R. (1991), *Cours de médiologie générale*, Paris, Gallimard.

Debray, R. (2000), *Introduction à la médiologie*, Paris, PUF.

Dubois, P. (1990). *L'Acte photographique*, Paris, Nathan.

Ellul, J. (1954), *La Technique ou l'enjeu du siècle*, Paris, Armand Colin.

Eisenstein, E. L. (1991), *La Révolution de l'imprimé dans l'Europe des premiers temps modernes*, Paris, La Découverte.

Flichy, P. (1995), *L'Innovation technique : récents développements en sciences sociales ; vers une nouvelle théorie de l'innovation*, Paris, La Découverte.

Foucault, M. (1975), *Surveiller et punir*, Paris, Gallimard.

Gibson, J. J. (1979), *The Ecological Approach to Visual Perception*, Boston, Lawrence Erlbaum Associates.

Goody, J. (1979), *La Raison graphique, la domestication de la pensée sauvage*, Paris, Les Éditions de Minuit.

Goody, J. (1985), *La Logique de l'écriture*, Paris, Armand Colin.

Goody, J. (1994), *Entre l'oralité et l'écriture* (trad. r. p. P. F. Denise Paulme), Paris, PUF.

Haar, M. (éd.), (1983), *Heidegger*, Paris, Le Livre de poche.

Heidegger, M, (1958), *Essais et conférences* (trad. A. Préau), Paris, Gallimard.

Heidegger, M. (1962), *Chemins qui ne mènent nulle part* (trad. W. Brokmeier), Paris, Gallimard.

Heidegger, M. (1976), *Questions IV* (trad. J. Beaufret, F. Fédier, J. Lauxerois & C. Roëls), Paris, Gallimard.

Hutchins, E. (1994), *Comment le « cockpit » se souvient des vitesses. Sociologie du travail*, 4, 451-473.

Illich, I. (1991), *Du lisible au visible : la naissance du texte. Sur l'art de lire de Hugues de Saint-Victor*, Le Cerf.

Kant, E. (1986). *Critique de la Raison Pratique*, Paris, PUF.

Kant, E. (1995), *Critique de la faculté de juger* (trad. A. Renaut), Paris, Aubier.

Kant, E. (1997), *Critique de la raison pure* (trad. A. Renaut), Paris, Aubier.

La Mettrie, J. O. d. l. (1981), *L'Homme-Machine*, Paris, Gonthier/Denoël.

Latour, B. (1989). *La Science en action*, Paris, La Découverte.

Lefèbvre des Noëttes, R. (1931), *L'Attelage et le Cheval de selle à travers les âges*, Paris, Picard.

Leroi-Gourhan, A. (1973), *Milieu et technique*, Paris, Albin Michel.

McLuhan, M. (1968), *Pour comprendre les médias* (trad. J. Paré), Paris, Éditions du Seuil.

Pinch, T., & Bijker, W. (1989), « The Social Construction of Facts and Artifacts : or How the Sociology of Science and the Sociology of Technology might benefit each Other », in W. Bijker, T. Hughes & T. Pinch (eds.), *The Social Construction of Technological System* (p. 30), Cambridge (Mass), MIT Press.

Rastier, F. (1991), *Sémantique et recherches cognitives*, Paris, PUF.

Rastier, F. (2001), *Arts et Sciences du Texte*, Paris, PUF.

Simondon, G. (1989), *Du mode d'existence des objets techniques*, Paris, Aubier.

Simondon, G. (2005). *L'Individuation à la lumière des notions de forme et d'information*, Grenoble, Jérôme Millon.

Smith, M. R., & Marx, L. (ed.), (1994), *Does Technology Drive History ? The Dilemma of Technological Determinism*, Cambridge (Mass), MIT Press.

Stiegler, B. (1994), *La Technique et le temps ; tome I : la faute d'Épi-méthée*, Paris, Galilée.

Stiegler, B. (2004), *Philosopher par accident ; entretiens avec Élie Düring*, Paris, Galilée.

White, L. (1962), *Medieval Technology and Social Change*, Oxford, Clarendon Press.

Wolton, D. (1997), *Penser la communication*, Paris, Flammarion.

Wolton, D. (2001), *Internet, et après ?*, Paris, Flammarion.

Du même auteur

Le Contrôle dans les systèmes à base de connaissances ; contribution à l'épistémologie de l'intelligence artificielle, 2nde édition, Hermès, Paris, 1994.

Ingénierie des connaissances et des contenus : le numérique entre ontologies et documents, Hermès, Paris, 2007.

Achevé d'imprimer en octobre 2010
sur les presses de l'imprimerie Chirat
(42540 St-Just-la-Pendue),
pour le compte des Éditions les Belles Lettres,
collection « encre marine »
selon une maquette fournie par leurs soins.
Dépôt légal : octobre 2010
N° 201009.0109
ISBN : 978-2-35088-035-8

catalogue disponible sur :
http : //www.encre-marine.com